建设工程造价管理基础知识
考点解析·模拟押题

鸿图教育　主　编

清华大学出版社
北　京

内 容 简 介

本书以《全国二级造价工程师职业资格考试大纲》为依据，结合造价工程师考情分析，根据大纲要求的考核要点和造价人员的实际业务需求，按照考试教材的章节安排，呈现形式新颖化，切实从考生的角度出发进行编写。

本书包括七章内容，分别是工程造价管理相关法律法规与制度、工程项目管理、工程造价构成、工程计价方法及依据、工程决策和设计阶段造价管理、工程施工招投标阶段造价管理、工程施工和竣工阶段造价管理。本书按章节精心准备了知识图谱、考点速览、应验实践、速记提示、模拟提高、跟踪答疑以及相对应的例题，题目覆盖面广、内容契合考试，并对每道题目进行了详细解析，可使考生在短时间内提高做题效率。

本书可供全国二级造价工程师考试备考人员复习参考，同时也适合二级造价工程师考试培训人员阅读。

本书封面贴有清华大学出版社防伪标签，无标签者不得销售。
版权所有，侵权必究。举报：010-62782989，beiqinquan@tup.tsinghua.edu.cn。

图书在版编目(CIP)数据

建设工程造价管理基础知识考点解析：模拟押题/鸿图教育主编. —北京：清华大学出版社，2021.4
ISBN 978-7-302-57691-4

Ⅰ.①建… Ⅱ.①鸿… Ⅲ.①建筑造价管理—资格考试—自学参考资料 Ⅳ.①TU723.31

中国版本图书馆 CIP 数据核字(2021)第 045431 号

责任编辑：石　伟
封面设计：赵　鹏
责任校对：王明明
责任印制：丛怀宇

出版发行：清华大学出版社
　　　　网　　址：http://www.tup.com.cn, http://www.wqbook.com
　　　　地　　址：北京清华大学学研大厦 A 座　　邮　　编：100084
　　　　社 总 机：010-62770175　　　　　　　　邮　　购：010-62786544
　　　　投稿与读者服务：010-62776969, c-service@tup.tsinghua.edu.cn
　　　　质量反馈：010-62772015, zhiliang@tup.tsinghua.edu.cn
　　　　课件下载：http://www.tup.com.cn, 010-62791865

印　刷　者：北京富博印刷有限公司
装　订　者：北京市密云县京文制本装订厂
经　　销：全国新华书店
开　　本：185mm×260mm　　印　张：15　　字　数：365 千字
版　　次：2021 年 4 月第 1 版　　　　　　印　次：2021 年 4 月第 1 次印刷
定　　价：49.00 元

产品编号：087554-01

前　言

为了充分发挥造价工程师在工程建设经济活动中合理确定和有效控制工程造价的作用，住房和城乡建设部、交通运输部、水利部、人力资源和社会保障部联合印发了《造价工程师职业资格制度规定》和《造价工程师职业资格考试实施办法》(建人〔2018〕67号)，明确国家设置造价工程师准入类职业资格，纳入国家职业资格目录。由此来看，国家非常重视造价工程师的发展，对相关行业及相关企业岗位配备造价工程师的要求力度逐步增大。为了帮助参加全国二级造价工程师职业资格考试的考生准确地把握考试重点，我们根据住房和城乡建设部、交通运输部、水利部制定的2019年版《全国二级造价工程师职业资格考试大纲》精心编写了本书。

建设工程造价管理基础知识作为二级造价工程师的一门基础公共课，难度相对来说不大，只是有些琐碎，按照考试大纲的要求，也要全面考虑，为了应试通关，在学习之前，建议大家仔细了解本书的特色和整体风格，方便大家快速提高学习效率。

本书的特点如下。

(1) 知识图谱。每章开篇设置有"章节导学"，每节的开始有知识图谱。要想把握这门考试，首先要掌握每个章节的知识架构以及考点的分布情况，因为大家参加的都是应试考试，以过关为主，而知识图谱就是每章大的架构，然后在大的架构上了解哪些是考点，哪些可以一带而过。

(2) 考点速览。在了解知识架构的前提下，需要对每个分支上的考点进行快速浏览，以加深印象。假如基础还没掌握，那么请先看考点速览。

(3) 应验实践，在掌握考点的情况下，要在真枪实战中去验证，也就是做练习题。练习题采用不同的形式，不论是单选还是多选，只要能选出正确的就是目的。基础知识考试只有选择题，所以多做题很有必要，尤其要重视精选题。

(4) 速记提示。经过试题的检验，若反复做同类型试题时还是会出错，那么速记提示可以再次起到巩固的作用，同时参考试题中的答案解析并理解，顺利通关不是难事。

(5) 模拟提高。仿真度高，展示了各知识点可能出现的考题形式，努力做到与考试试题趋势"合拍"，步调一致。通过模拟，增强自信心。

(6) 跟踪答疑。为了配合考生复习备考，我们配备了跟踪答疑团队，免费为考生解答学习中的疑问。

本书在编写过程中，得到了许多同行的支持与帮助，在此一并表示感谢。由于编者水平有限，书中难免有错误和不妥之处，望广大读者批评指正。

编　者

目 录

第一章 工程造价管理相关法律法规与制度 1

第一节 工程造价管理相关法律法规 1
  一、《中华人民共和国建筑法》及相关条例 2
  二、《中华人民共和国招标投标法》及其实施条例 7
  三、《中华人民共和国政府采购法》及其实施条例 13
  四、《中华人民共和国合同法》相关内容 16
  五、《中华人民共和国价格法》相关内容 31
  六、最高人民法院司法解释有关要求 33

第二节 工程造价管理制度 36
  一、工程造价咨询企业管理 36
  二、造价工程师职业资格管理 41

第二章 工程项目管理 43

第一节 工程项目管理概述 43
  一、工程项目组成和分类 43
  二、工程建设程序 46
  三、工程项目管理目标和内容 52

第二节 工程项目实施模式 53
  一、项目融资模式 53
  二、业主方项目组织模式 58
  三、项目承发包模式 60

第三章 工程造价构成 64

第一节 概述 64
  一、工程造价的含义 65
  二、各阶段工程造价的关系和控制 65

第二节 建设项目总投资及工程造价 67
  一、建设项目总投资的含义 67
  二、建设项目总投资的构成 68

第三节 建筑安装工程费 69
  一、按费用构成要素划分 70
  二、按造价形式划分 75

第四节 设备及工器具购置费 79
  一、设备购置费 79
  二、工器具及生产家具购置费 85

第五节 工程建设其他费用 86
  一、建设用地费 86
  二、与项目建设有关的其他费用 88
  三、与未来生产经营有关的其他费用 91

第六节 预备费和建设期利息 93
  一、预备费 93
  二、建设期利息 95

第四章 工程计价方法及依据 96

第一节 工程计价方法 96
  一、工程计价的基本方法 96
  二、工程定额计价 98
  三、工程量清单计价 101

第二节 工程计价依据的分类 103
  一、工程计价依据体系 103
  二、工程计价依据的分类 103
  三、工程计价依据改革的主要任务 105

第三节 预算定额、概算定额、概算指标、投资估算指标和工程造价指标 105
  一、预算定额 105
  二、概算定额 109
  三、概算指标 109
  四、投资估算指标 111
  五、工程造价指标 112

第四节 人工、材料、机具台班消耗量
　　　　定额 113
　　一、劳动定额 113
　　二、材料消耗定额 118
　　三、施工机具台班定额 120
第五节 人工、材料、机具台班单价
　　　　及定额基价 121
　　一、人工单价 121
　　二、材料单价 122
　　三、施工机具台班单价 123
　　四、定额基价 125
第六节 建筑安装工程费用定额 126
　　一、建筑安装工程费用定额的编制
　　　　原则 126
　　二、企业管理费与规费费率的
　　　　确定 126
　　三、利润 128
　　四、增值税 128
第七节 工程造价信息及应用 129
　　一、工程造价信息及其主要内容 130
　　二、工程造价指数 131
　　三、工程造价信息的动态管理 133
　　四、信息技术在工程计价与计量中
　　　　的应用 134
　　五、BIM 技术与工程造价 134

第五章 工程决策和设计阶段造价管理 137

第一节 概述 137
　　一、工程决策和设计阶段造价管理的
　　　　工作内容 137
　　二、工程决策和设计阶段造价管理的
　　　　意义 139
　　三、工程决策和设计阶段造价管理的
　　　　主要影响因素 140
　　四、建设项目可行性研究及其对工程
　　　　造价的影响 142
第二节 投资估算的编制 143
　　一、投资估算的概念及作用 144

　　二、投资估算的编制内容及依据 145
　　三、投资估算的编制方法 146
　　四、投资估算的文件组成 153
　　五、投资估算的审核 154
第三节 设计概算的编制 154
　　一、设计概算的概念与作用 155
　　二、设计概算的编制内容及依据 155
　　三、设计概算的编制方法 158
　　四、设计概算的审查 164
　　五、设计概算的调整 165
第四节 施工图预算的编制 166
　　一、施工图预算的概念与作用 166
　　二、施工图预算的编制内容
　　　　及依据 168
　　三、施工图预算的编制方法 168
　　四、施工图预算的文件组成 170
　　五、施工图预算的审查 170

第六章 工程施工招投标阶段造价管理 174

第一节 施工招标方式和程序 174
　　一、招投标的概念 175
　　二、我国招投标制度概述 175
　　三、工程施工招标方式 176
　　四、工程施工招标组织形式 176
　　五、工程施工招标程序 176
第二节 施工招投标文件组成 177
　　一、施工招标文件的组成 177
　　二、施工投标文件的组成 179
第三节 施工合同示范文本 181
　　一、《建设工程施工合同(示范文本)》
　　　　(GF—2017—0201)概述 181
　　二、《建设工程施工合同(示范文本)》
　　　　(GF—2017—0201)的主要内容 182
第四节 工程量清单编制 185
　　一、工程量清单编制概述 186
　　二、分部分项工程项目清单 187
　　三、措施项目清单 189
　　四、其他项目清单 190

五、规费、增值税项目清单...............191
第五节　最高投标限价的编制.....................192
　　一、最高投标限价概述.....................192
　　二、最高投标限价的编制规定
　　　　与依据.................................193
　　三、最高投标限价的编制内容.........194
　　四、最高投标限价的确定.................196
第六节　投标报价的编制.............................197
　　一、投标报价的编制原则与依据......197
　　二、投标报价的前期工作.................198
　　三、询价与工程量复核.....................199
　　四、投标报价的编制方法和内容.....200

第七章　工程施工和竣工阶段造价管理...204

第一节　工程施工成本管理.........................204
　　一、施工成本管理流程.....................204
　　二、施工成本管理内容.....................206
第二节　工程变更管理.................................213
　　一、工程变更的范围.........................213
　　二、工程变更权.................................213
　　三、工程变更工作内容.....................214

第三节　工程索赔管理.................................215
　　一、工程索赔产生的原因.................215
　　二、工程索赔的分类.........................216
　　三、工程索赔的结果.........................217
　　四、工程索赔的依据和前提条件......217
　　五、工程索赔的计算.........................218
第四节　工程计量和支付.............................220
　　一、工程计量.....................................220
　　二、预付款及期中支付.....................221
第五节　工程结算...222
　　一、工程竣工结算的编制和审核......223
　　二、竣工结算款的支付.....................224
　　三、合同解除的价款结算与支付......224
　　四、最终结清.....................................225
　　五、工程质量保证金的处理.............226
第六节　竣工决算...227
　　一、竣工决算的概念.........................227
　　二、竣工决算的内容.........................228
　　三、竣工决算的编制.........................228
　　四、竣工决算的审核.........................229
　　五、新增资产价值的确定.................229

第一章

工程造价管理相关法律法规与制度

章节导学

工程造价管理相关法律法规与制度
├── 工程造价管理相关法律法规
└── 工程造价管理制度

第一节　工程造价管理相关法律法规

知识图谱

工程造价管理相关法律法规
- 《中华人民共和国建筑法》及相关条例
- 《中华人民共和国招标投标法》及其实施条例
- 《中华人民共和国政府采购法》及其实施条例
- 《中华人民共和国合同法》相关内容
- 《中华人民共和国价格法》相关内容
- 最高人民法院司法解释有关要求

一、《中华人民共和国建筑法》及相关条例

考点速览

1. 《中华人民共和国建筑法》相关内容

考点一：建筑许可

建筑许可包括建筑工程**施工许可**和**从业资格**两个方面。

(1) 施工许可证的申领。

施工许可证.mp4

施工许可证的申领	
时间	开工前
申领人	建设单位
申领条件 (同时具备)	①已办理建筑工程**用地批准手续** ②在城市规划区内的建筑工程，已取得**规划许可证** ③需要拆迁的，其**拆迁**进度符合施工要求 ④已经确定建筑**施工单位** ⑤有满足施工需要的施工**图纸**及技术资料 ⑥有保证工程**质量**和**安全**的具体措施 ⑦建设**资金**已经**落实** ⑧法律、行政法规规定的**其他条件**
开工报告	国务院批准

(2) 施工许可证的有效时限。

类别	有效期	可否延期	重新核验	停工处理
施工许可证	3 个月内开工	可延期两次 每次 3 个月	停工 1 年	中止施工一个月内报告
开工报告	6 个月内开工	不予延期	6 个月未开工	停工及时报告

(3) 从业资格。

从业资格包括企业资质和专业技术人员资格。

应验实践

【例题 1·多选】根据《中华人民共和国建筑法》，申请领取施工许可证应当具备的条件有(　　)。

A. 建设资金已全部到位
B. 已提交建筑工程用地申请
C. 已经确定建筑施工单位
D. 有保证工程质量和安全的具体措施
E. 已完成施工图技术交底和图纸会审

【答案】CD

【例题 2·单选】根据《中华人民共和国建筑法》，按照国务院有关规定批准开工报告的建筑工程，因故不能按期开工超过( )个月的，应当重新办理开工报告的批准手续。

A. 1   B. 2   C. 3   D. 6

【答案】D

【解析】按照国务院有关规定批准开工报告的建筑工程，因故不能按期开工或者中止施工的，应当及时向批准机关报告情况。因故不能按期开工超过 6 个月的，应当重新办理开工报告的批准手续。

【例题 3·单选】某建设单位 2011 年 3 月 5 日申请办理施工许可证，施工许可证载明的时间是同年 5 月 7 日，6 月 10 日办证机关电话通知前来领证，6 月 17 日建设单位领了施工许可证，施工许可证有效期从( )开始计算。

A. 2011 年 3 月 5 日   B. 2011 年 5 月 7 日
C. 2011 年 6 月 10 日   D. 2011 年 6 月 17 日

【答案】D

【解析】施工许可证的申领条件——有地、有证、无钉子户、有人、有图纸资料、有措施、有钱。

建筑工程发包与承包.mp4

考点二：建筑工程发包与承包

(1) 建筑工程发包。

发包方式	招标发包和直接发包
禁止行为	提倡实行总承包，禁止肢解发包

(2) 建筑工程承包。

承包资质	持有资质证书
	业务范围内承揽
联合承包	共同承包的各方对承包合同的履行承担连带责任
	不同资质等级的单位按照资质等级低的单位的业务许可范围承揽工程
工程分包	分包必须经建设单位认可
	建筑工程主体结构的施工必须由总承包单位完成
禁止行为	禁止转包
	禁止肢解分包
	禁止总承包单位将工程分包给不具备资质条件的单位
	禁止分包单位再分包

考点三：建筑工程监理

实行建筑工程监理前，建设单位应将委托的工程监理单位、监理内容及监理权限，书面通知被监理的建筑施工企业。

考点四：建筑安全生产管理

建筑工程安全生产管理必须坚持安全第一、预防为主的方针，建立健全安全生产责任制度和群防群治制度。

考点五：建筑工程质量管理

应验实践

【例题 1·多选】根据《中华人民共和国建筑法》，关于建筑工程承包的说法，正确的有( )。

A. 承包单位应在其资质等级许可的业务范围内承揽工程
B. 大型建筑工程可由两个以上的承包单位联合共同承包
C. 除总承包合同约定的分包外，工程分包须经建设单位认可
D. 总承包单位就分包工程对建设单位不承担连带责任
E. 分包单位可将其分包的工程再分包

【答案】ABC

【解析】总承包单位和分包单位就分包工程对建设单位承担连带责任，故 D 选项错误。禁止分包单位将其承包的工程再分包，故 E 选项错误。

【例题 2·单选】根据《中华人民共和国建筑法》，建筑工程由多个承包单位联合共同承包的，关于承包合同履行责任的说法，正确的是( )。

A. 由牵头承包方承担主要责任
B. 由资质等级高的承包方承担主要责任
C. 由承包各方承担连带责任
D. 按承包各方投入比例承担相应责任

【答案】C

【解析】大型建筑工程或结构复杂的建筑工程，可以由两个以上的承包单位联合共同承包。共同承包的各方对承包合同的履行承担连带责任。两个以上不同资质等级的单位实行联合共同承包的，应当按照资质等级低的单位的业务许可范围承揽工程。

建筑工程质量年保修期限.mp4

2. 《建设工程质量管理条例》相关内容

考点一：建设单位的质量责任和义务

建设单位应当将工程发包给具有相应资质等级的单位。建设单位不得将建设工程肢解发包。

考点二：施工单位的质量责任和义务

(1) 工程施工。

施工单位对建设工程的施工质量负责。

(2) 质量检验。

考点三：工程监理单位的质量责任和义务

工程监理单位应当选派具备相应资格的总监理工程师和监理工程师进驻施工现场。监理工程师应当按照工程监理规范的要求，采取旁站、巡视和平行检验等形式，对建设工程实施监理。

考点四：工程质量保修

建设工程实行质量保修制度。

建设工程的保修期，自竣工验收合格之日起计算。

第一章 工程造价管理相关法律法规与制度

在正常使用条件下，建设工程最低保修期限如下。

保修范围和内容	保 修 期
基础设施工程、房屋建筑的地基基础工程和主体结构工程	设计文件规定的该工程合理使用年限
屋面防水工程、有防水要求的卫生间、房间和外墙面的防渗漏	5 年
供热与供冷系统	2 个采暖期、供冷期
电气管道、给排水管道、设备安装和装修工程	2 年

其他工程的保修期限由发包方与承包方约定。

考点五：工程竣工验收备案

建设单位应当自建设工程竣工验收合格之日起 15 日 内，报建设行政主管部门备案。

应验实践

【例题 1·单选】根据《建设工程质量管理条例》，在正常使用条件下，设备安装工程的最低保修期限是( )年。

　　A. 1　　　　　　B. 2　　　　　　C. 3　　　　　　D. 4

【答案】B

【例题 2·单选】根据《建设工程质量管理条例》，在正常使用条件下，供热与供冷系统的最低保修期限是( )个采暖期、供冷期。

　　A. 1　　　　　　B. 2　　　　　　C. 3　　　　　　D. 4

【答案】B

【解析】与防水有关的都是 5 年，供热与供冷为 2 个采暖期、供冷期。最低保修期限以及保修期的起始时间——自竣工验收合格之日起。

3. 《建设工程安全生产管理条例》相关内容

考点一：建设单位的安全责任

建设单位在编制工程概算时，应当确定建设工程安全作业环境及安全施工措施所需费用。

考点二：施工单位的安全责任

(1) 安全生产责任制度。

施工单位主要负责人依法对本单位的安全生产工作全面负责。

(2) 安全生产管理费用。

施工单位对列入建设工程概算的安全作业环境及安全施工措施所需费用，应当用于施工安全防护用具及设施的采购和更新、安全施工措施的落实、安全生产条件的改善，不得挪作他用。

(3) 施工现场安全管理。

(4) 安全生产教育培训。

(5) 安全技术措施和专项施工方案。

施工单位应当在施工组织设计中编制安全技术措施和施工现场临时用电方案，对下列达到一定规模的危险性较大的分部分项工程编制专项施工方案，并附具安全验算结果，经施工单位技术负责人、总监理工程师签字后实施,由专职安全生产管理人员进行现场监督。

① 基坑支护与降水工程。
② 土方开挖工程。
③ 模板工程。
④ 起重吊装工程。
⑤ 脚手架工程。
⑥ 拆除、爆破工程。
⑦ 国务院建设行政主管部门或者其他有关部门规定的其他危险性较大的工程。

上述所列工程中涉及深基坑、地下暗挖工程、高大模板工程的专项施工方案,施工单位还应当组织专家进行论证、审查。

(6) 施工现场安全防护。

考点三:生产安全事故的应急救援和调查处理

(1) 生产安全事故应急救援。

县级以上地方人民政府建设行政主管部门应当根据本级人民政府的要求,制订本行政区域内建设工程特大生产安全事故应急救援预案。

(2) 生产安全事故调查处理。

实行施工总承包的建设工程,由总承包单位负责上报事故。

专项施工方案
记忆口诀.mp4

应验实践

【例题1·多选】对于列入建设工程概算的安全作业环境及安全施工措施所需的费用,施工单位应当用于(   )。

A. 安全生产条件改善
B. 专职安全管理人员工资发放
C. 施工安全设施更新
D. 安全事故损失赔付
E. 施工安全防护用具采购

【答案】ACE

【解析】施工单位对列入建设工程概算的安全作业环境及安全施工措施所需费用,应当用于施工安全防护用具及设施的采购和更新、安全施工措施的落实、安全生产条件的改善,不得挪作他用。

【例题2·多选】根据《建设工程安全生产管理条例》,施工单位应当对达到一定规模的危险性较大的(   )编制专项施工方案。

A. 土方开挖工程
B. 钢筋工程
C. 模板工程
D. 混凝土工程
E. 脚手架工程

【答案】ACE

【解析】施工单位应当在施工组织设计中编制安全技术措施和施工现场临时用电方案,对下列达到一定规模的危险性较大的分部分项工程编制专项施工方案,并附具安全验算结果,经施工单位技术负责人、总监理工程师签字后实施,由专职安全生产管理人员进行现场监督:①基坑支护与降水工程;②土方开挖工程;③模板工程;④起重吊装工程;⑤脚手架工程;⑥拆除、爆破工程;⑦国务院建设行政主管部门或者其他有关部门规定的其他危险性较大的工程。

二、《中华人民共和国招标投标法》及其实施条例

考点速览

1. 《中华人民共和国招标投标法》相关内容

考点一：招标

(1) 招标条件和方式。

① 招标条件。

② 招标方式。招标分为公开招标和邀请招标两种方式。

(2) 招标文件。

招标人对已发出的招标文件进行必要的澄清或者修改的，应当在招标文件要求提交投标文件截止时间至少 15 日前，以书面形式通知所有招标文件收受人。该澄清或者修改的内容为招标文件的组成部分。

招标投标.mp4

(3) 其他规定。

招标人设有标底的，标底必须保密。招标人应当确定投标人编制投标文件所需要的合理时间。依法必须进行招标的项目，自招标文件开始发出之日起至投标人提交投标文件截止之日止，最短不得少于 20 日。

应验实践

【例题 1·单选】根据《中华人民共和国招标投标法》，对于依法必须进行招标的项目，自招标文件开始发出之日起至投标人提交投标文件截止之日止，最短不得少于(　　)日。

　　A. 10　　　　B. 20　　　　C. 30　　　　D. 60

【答案】B

【解析】依法必须进行招标的项目，自招标文件开始发出之日起至投标人提交投标文件截止之日止，最短不得少于 20 日。

【例题 2·多选】工程建设项目招标的组织形式有(　　)。

　　A. 公开招标　　　　　　　　B. 自行组织招标

　　C. 邀请招标　　　　　　　　D. 委托工程招标代理机构代理招标

　　E. 上级主管部门组织招标

【答案】BD

【解析】本题考查的是《中华人民共和国招标投标法》相关内容。招标只有自行招标和委托招标两种形式。

考点二：投标

(1) 投标文件。

① 投标文件内容。根据招标文件载明的项目实际情况，投标人如果准备在中标后将

中标项目的部分非主体、非关键工程进行分包的，应当在投标文件中载明。在招标文件要求提交投标文件的截止时间前，投标人可以补充、修改或者撤回已提交的投标文件，并书面通知招标人。补充、修改的内容为投标文件的组成部分。

② 投标文件的送达。投标人应当在招标文件要求提交投标文件的截止时间前，将投标文件送达投标地点。招标人收到投标文件后，应当签收保存，不得开启。投标人少于3个的，招标人应当依照《中华人民共和国招标投标法》重新招标。

(2) 联合投标。

两个以上法人或者其他组织可以组成一个联合体，以一个投标人的身份共同投标。

联合体各方均应具备承担招标项目的相应能力。

联合体各方应当签订共同投标协议，明确约定各方拟承担的工作和责任，并将共同投标协议连同投标文件一并提交给招标人。

联合体中标的，联合体各方应当共同与招标人签订合同，就中标项目向招标人承担连带责任。

(3) 其他规定。

考点三：开标、评标和中标

(1) 开标。

开标应当在招标人的主持下，在招标文件确定的提交投标文件截止时间的同一时间、招标文件中预先确定的地点公开进行。

(2) 评标。

评标由招标人依法组建的评标委员会负责。

评标委员会经评审，认为所有投标都不符合招标文件要求的，可以否决所有投标。招标人也可以授权评标委员会直接确定中标人。

(3) 中标。

招标人和中标人应当自中标通知书发出之日起30日内，按照招标文件和中标人的投标文件订立书面合同。招标人和中标人不得再订立背离合同实质性内容的其他协议。

招标文件要求中标人提交履约保证金的，中标人应当提交。

2. 《中华人民共和国招标投标法实施条例》相关内容

考点一：招标

(1) 招标范围和方式。【重要】

① 可以邀请招标的项目。国有资金占控股或者主导地位的依法必须进行招标的项目，应当公开招标；但有下列情形之一的，可以邀请招标。

a. 技术复杂、有特殊要求或者受自然环境限制，只有少量潜在投标人可供选择。

b. 采用公开招标方式的费用占项目合同金额的比例过大。

② 可以不招标的项目。有下列情形之一的，可以不进行招标。

a. 需要采用不可替代的专利或者专有技术。

b. 采购人依法能够自行建设、生产或者提供。

c. 已通过招标方式选定的特许经营项目投资人依法能够自行建设、生产或者提供。

d. 需要向原中标人采购工程、货物或者服务；否则将影响施工或者功能配套要求。

e. 国家规定的其他特殊情形。

(2) 招标文件与资格审查。

① 资格预审公告和招标公告。

资格预审文件或者招标文件的发售期不得少于5日。

招标人发售资格预审文件、招标文件收取的费用应当限于补偿印刷、邮寄的成本支出，不得以盈利为目的。

如潜在投标人或者其他利害关系人对资格预审文件有异议，应当在提交资格预审申请文件截止时间2日前提出。

如对招标文件有异议，应当在投标截止时间10日前提出。

招标人应当自收到异议之日起3日内做出答复；做出答复前，应当暂停招标投标活动。

② 资格预审。

依法必须进行招标的项目提交资格预审申请文件的时间，自资格预审文件停止发售之日起不得少于5日。

通过资格预审的申请人少于3个的应当重新招标。

招标人可以对已发出的资格预审文件或者招标文件进行必要的澄清或者修改。

如澄清或者修改的内容可能影响资格预审申请文件或者投标文件编制，招标人应当在提交资格预审申请文件截止时间至少3日前，或者投标截止时间至少15日前，以书面形式通知所有获取资格预审文件或者招标文件的潜在投标人；不足3日或者15日的，招标人应当顺延提交资格预审申请文件或者投标文件的截止时间。

招投标时间记忆.mp4

相关日期如下。【必会】

事件	时间
资格预审文件，招标文件发售期	不少于5日
对资格预审文件有异议	提交资格预审申请文件截止时间2日前提出
对招标文件有异议	投标截止时间10日前提出，招标人3日内答复
提交资格预审申请文件的时间	自资格预审文件停止发售之日起不少于5日
招标人澄清、修改资格预审申请文件	距提交资格预审申请文件截止不少于3日
招标人澄清、修改招标文件	距投标截止时间不少于15日

应验实践

【例题1·单选】根据《中华人民共和国招标投标法实施条例》，潜在投标人对招标文件有异议的，应当在投标截止时间( )日前提出。

A. 3　　　　B. 5　　　　C. 10　　　　D. 15

【答案】C

【解析】如潜在投标人或者其他利害关系人对资格预审文件有异议，应当在提交资格预审申请文件截止时间2日前提出；如对招标文件有异议，应当在投标截止时间10日前提出。

【例题2·单选】根据《中华人民共和国招标投标法实施条例》，依法必须进行招标的项目可以不进行招标的情形是( )。
    A. 受自然环境限制只有少量潜在投标人
    B. 需要采用不可替代的专利或者专有技术
    C. 招标费用占项目合同金额的比例过大
    D. 因技术复杂只有少量潜在投标人

【答案】B
【解析】有下列情形之一的，可以不进行招标。
① 需要采用不可替代的专利或者专有技术。
② 采购人依法能够自行建设、生产或者提供。
③ 已通过招标方式选定的特许经营项目投资人依法能够自行建设、生产或者提供。
④ 需要向原中标人采购工程、货物或者服务；否则将影响施工或者功能配套要求。
⑤ 国家规定的其他特殊情形。

(3) 招标工作的实施。【必会】
① 禁止投标限制。
招标人不得以不合理的条件限制、排斥潜在投标人或者投标人。招标人有下列行为之一的，属于以不合理条件限制、排斥潜在投标人或者投标人。
    a. 就同一招标项目向潜在投标人或者投标人提供有差别的项目信息。
    b. 设定的资格、技术、商务条件与招标项目的具体特点和实际需要不相适应或者与合同履行无关。
    c. 依法必须进行招标的项目以特定行政区域或者特定行业的业绩、奖项作为加分条件或者中标条件。
    d. 对潜在投标人或者投标人采取不同的资格审查或者评标标准。
    e. 限定或者指定特定的专利、商标、品牌、原产地或者供应商。
    f. 依法必须进行招标的项目非法限定潜在投标人或者投标人的所有制形式或者组织形式。
    g. 以其他不合理条件限制、排斥潜在投标人或者投标人。
    h. 招标人不得组织单个或者部分潜在投标人踏勘项目现场。
② 总承包招标。
③ 两阶段招标。

对技术复杂或者无法精确拟定技术规格的项目，招标人可以分两阶段进行招标。

第一阶段，投标人按照招标公告或者投标邀请书的要求提交不带报价的技术建议，招标人根据投标人提交的技术建议确定技术标准和要求，编制招标文件。

第二阶段，招标人向在第一阶段提交技术建议的投标人提供招标文件，投标人按照招标文件的要求提交包括最终技术方案和投标报价的投标文件。如招标人要求投标人提交投标保证金，应当在第二阶段提出。

④ 投标有效期。招标人应当在招标文件中载明投标有效期。投标有效期从提交投标文件的截止之日起算。
⑤ 投标保证金。如招标人在招标文件中要求投标人提交投标保证金，投标保证金不

得超过招标项目**估算价的 2%**。

投标保证金有效期应当与投标有效期一致。

招标人不得挪用投标保证金。

⑥ 标底及投标限价。

应验实践

【例题 1·单选】根据《中华人民共和国招标投标法实施条例》，投标保证金不得超过( )。

A. 招标项目估算价的 2%　　B. 招标项目估算价的 3%
C. 投标报价的 2%　　　　　D. 投标报价的 3%

【答案】A

【解析】如招标人在招标文件中要求投标人提交投标保证金，投标保证金不得超过招标项目估算价的 2%。

【例题 2·单选】根据《中华人民共和国招标投标法实施条例》，对于采用两阶段招标的项目，投标人在第一阶段向招标人提交的文件是( )。

A. 不带报价的技术建议　　B. 带报价的技术建议
C. 不带报价的技术方案　　D. 带报价的技术方案

【答案】A

【解析】对技术复杂或者无法精确拟定技术规格的项目，招标人可以分两阶段进行招标：第一阶段，投标人按照招标公告或者投标邀请书的要求提交不带报价的技术建议，招标人根据投标人提交的技术建议确定技术标准和要求，编制招标文件；第二阶段，招标人向在第一阶段提交技术建议的投标人提供招标文件，投标人按照招标文件的要求提交包括最终技术方案和投标报价的投标文件。如招标人要求投标人提供投标保证金，应当在第二阶段提出。

考点二：投标

(1) 投标规定。

投标人撤回已提交的投标文件，应当在**投标截止时间前**书面通知招标人。

招标人已收取投标保证金的，应当自收到投标人书面撤回通知之日起**5 日**内退还。

投标截止后投标人撤销投标文件的，招标人可以不退还投标保证金。

招标人应当在资格预审公告、招标公告或者投标邀请书中载明是否接受联合体投标。

招标人接受联合体投标并进行资格预审的，**联合体应当在提交资格预审申请文件前组成。资格预审后联合体增减、更换成员的，其投标无效。**

(2) **属于串通投标和弄虚作假的情形。【重要】**

① 投标人相互串通投标。有下列情形之一的，**属于投标人相互串通投标(多人串通在一起)**。

a. 投标人之间协商投标报价等投标文件的实质性内容。

b. 投标人之间约定中标人。

c. 投标人之间约定部分投标人放弃投标或者中标。

d. 属于同一集团、协会、商会等组织成员的投标人按照该组织要求协同投标。
　　e. 投标人之间为牟取中标或者排斥特定投标人而采取的其他联合行动。
　② 招标人与投标人串通投标。有下列情形之一的，属于招标人与投标人串通投标。
　　a. 招标人在开标前开启投标文件并将有关信息泄露给其他投标人。
　　b. 招标人直接或者间接向投标人泄露标底、评标委员会成员等信息。
　　c. 招标人明示或者暗示投标人压低或者抬高投标报价。
　　d. 招标人授意投标人撤换、修改投标文件。
　　e. 招标人明示或者暗示投标人为特定投标人中标提供方便。
　　f. 招标人与投标人为谋求特定投标人中标而采取的其他串通行为。
【提示】考生应重点理解"属于"与"视为"串通投标。属于串通投标是主观意思共谋，视为串通投标是客观意思共谋。

考点三：开标、评标和中标
(1) 开标。
招标人应当按照招标文件规定的时间、地点开标。如投标人少于 3 个，不得开标；招标人应当重新招标。
(2) 评标。
(3) 投标否决。【重要】
有下列情形之一的，评标委员会应当否决其投标。
① 投标文件未经投标单位盖章和单位负责人签字。
② 投标联合体没有提交共同投标协议。
③ 投标人不符合国家或者招标文件规定的资格条件。
④ 同一投标人提交两个以上不同的投标文件或者投标报价，但招标文件要求提交备选投标的除外。
⑤ 投标报价低于成本或者高于招标文件设定的最高投标限价。
⑥ 投标文件没有对招标文件的实质性要求和条件做出响应。
⑦ 投标人有串通投标、弄虚作假、行贿等违法行为。
(4) 投标文件澄清。
(5) 中标。

串通投标的规律.mp4

中标候选人应当不超过 3 个，并标明排序。
依法必须进行招标的项目，招标人应当自收到评标报告之日起 3 日内公示中标候选人，公示期不得少于 3 日。国有资金占控股或者主导地位的依法必须进行招标的项目，招标人应当确定排名第一的中标候选人为中标人。

排名第一的中标候选人放弃中标、因不可抗力不能履行合同、不按照招标文件要求提交履约保证金，或者被查实存在影响中标结果的违法行为等情形，不符合中标条件的，招标人可以按照评标委员会提出的中标候选人名单排序依次确定其他中标候选人为中标人，也可以重新招标。

(6) 签订合同及履约。
招标人最迟应当在书面合同签订后 5 日内向中标人和未中标的投标人退还投标保证金及银行同期存款利息。招标文件要求中标人提交履约保证金的，中标人应当按照招标文件的要求提交。履约保证金不得超过中标合同金额的 10%。

应验实践

【例题 1·单选】根据《中华人民共和国招标投标法实施条例》，招标文件中履约保证金不得超过中标合同金额的(   )。

A. 2%　　　　　B. 5%　　　　　C. 10%　　　　　D. 20%

【答案】C

【解析】履约保证金不得超过中标合同金额的 10%。

【例题 2·多选】根据《中华人民共和国招标投标法实施条例》，关于投标保证金的说法，正确的有(   )。

A. 投标保证金有效期应当与投标有效期一致
B. 投标保证金不得超过招标项目估算价的 2%
C. 采用两阶段招标的，投标应在第一阶段提交投标保证金
D. 招标人不得挪用投标保证金
E. 招标人最迟应在签订书面合同的同时退还投标保证金

【答案】ABD

【解析】采用两阶段招标的，如招标人要求投标人提交投标保证金，应当在第二阶段提出。故 C 错误；招标人最迟应当在书面合同签订后 5 日内向中标人和未中标的投标人退还投标保证金及银行同期存款利息。故 E 选项错误。

考点四：投诉与处理

(1) 投诉。

如果投标人或者其他利害关系人认为招标投标活动不符合法律、行政法规规定，可以自知道或者应当知道之日起 10 日内向有关行政监督部门投诉。投诉应当有明确的请求和必要的证明材料。

(2) 处理。

行政监督部门应当自收到投诉之日起 3 个工作日内决定是否受理投诉，并自受理投诉之日起 30 个工作日内作出书面处理决定；需要检验、检测、鉴定、专家评审的，所需时间不计算在内。如投诉人捏造事实、伪造材料或者以非法手段取得证明材料进行投诉，行政监督部门应当予以驳回。

三、《中华人民共和国政府采购法》及其实施条例

考点速览

1. 《中华人民共和国政府采购法》相关内容

《中华人民共和国政府采购法》所称政府采购，是指各级国家机关、事业单位和团体组织，使用财政性资金采购依法制定的集中采购目录以内的或采购限额标准以上的货物、

工程和服务的行为。

考点一：政府采购当事人

采购人采购纳入集中采购目录的政府采购项目，必须委托集中采购机构代理采购。

采购未纳入集中采购目录的政府采购项目，可以自行采购，也可以委托集中采购机构在委托的范围内代理采购。

考点二：政府采购方式

政府采购可采用的方式有公开招标、邀请招标、竞争性谈判、单一来源采购、询价，以及国务院政府采购监督管理部门认定的其他采购方式。

公开招标应作为政府采购的主要采购方式。

(1) 公开招标。

(2) 邀请招标。

符合下列情形之一的货物或服务，可采用邀请招标方式采购。

① 具有特殊性，只能从有限范围的供应商处采购的。

② 采用公开招标方式的费用占政府采购项目总价值的比例过大的。

(3) 竞争性谈判。

符合下列情形之一的货物或服务，可采用竞争性谈判方式采购。

① 招标后没有供应商投标或没有合格标或重新招标未能成立的。

② 技术复杂或性质特殊，不能确定详细规格或具体要求的。

③ 采用招标所需时间不能满足用户紧急需要的。

④ 不能事先计算出价格总额的。

(4) 单一来源采购。

符合下列情形之一的货物或服务，可以采用单一来源方式采购。

① 只能从唯一供应商处采购的。

② 发生不可预见的紧急情况，不能从其他供应商处采购的。

③ 必须保证原有采购项目一致性或服务配套的要求，需要继续从原供应商处添购，且添购资金总额不超过原合同采购金额10%的。

(5) 询价。

考点三：政府采购合同

政府采购合同应当采用书面形式。

政府采购合同履行中，采购人需追加与合同标的相同的货物、工程或服务的，在不改变合同其他条款的前提下，可以与供应商协商签订补充合同，但所有补充合同的采购金额不得超过原合同采购金额的10%。

应验实践

【例题1·单选】下面属于政府采购的主要采购方式的是(   )。

A. 公开招标　　　　　　　　B. 邀请招标

C. 竞争性谈判　　　　　　　D. 单一来源采购

【答案】A

【解析】政府采购可采用的方式有公开招标、邀请招标、竞争性谈判、单一来源采购、询价、以及国务院政府采购监督管理部门认定的其他采购方式。公开招标应作为政府采购的主要采购方式。

【例题 2·单选】政府采购合同履行中,采购人需追加与合同标的相同的货物、工程或服务的,在不改变合同其他条款的前提下,可以与供应商协商签订补充合同,但所有补充合同的采购金额不得超过原合同采购金额的( )。

  A. 10%   B. 20%   C. 30%   D. 40%

【答案】A

【解析】政府采购合同履行中,采购人需追加与合同标的相同的货物、工程或服务的,在不改变合同其他条款的前提下,可以与供应商协商签订补充合同,但所有补充合同的采购金额不得超过原合同采购金额的 10%。

2.《中华人民共和国政府采购法实施条例》相关内容

考点一:政府采购当事人

采购人或者采购代理机构有下列情形之一的,属于以不合理的条件对供应商实行差别待遇或者歧视待遇。

① 就同一采购项目向供应商提供有差别的项目信息。
② 设定的资格、技术、商务条件与采购项目的具体特点和实际需要不相适应或者与合同履行无关。

政府采购.mp4

③ 采购需求中的技术、服务等要求指向特定供应商、特定产品。
④ 以特定行政区域或者特定行业的业绩、奖项作为加分条件或者中标、成交条件。
⑤ 对供应商采取不同的资格审查或者评审标准。
⑥ 限定或者指定特定的专利、商标、品牌或者供应商。
⑦ 非法限定供应商的所有制形式、组织形式或者所在地。
⑧ 以其他不合理条件限制或者排斥潜在供应商。

考点二:政府采购方式

列入集中采购目录的项目,适合实行批量集中采购的,应当实行批量集中采购,但紧急的小额零星货物项目和有特殊要求的服务、工程项目除外。

政府采购工程依法不进行招标的,应当依照政府采购法律法规规定的竞争性谈判或者单一来源采购方式采购。

考点三:政府采购程序

(1) 招标文件。

招标文件的提供期限自招标文件开始发出之日起不得少于 5 个工作日。

采购人或者采购代理机构可以对已发出的招标文件进行必要的澄清或者修改。澄清或者修改的内容可能影响投标文件编制的,采购人或者采购代理机构应当在投标截止时间至少 15 日前,以书面形式通知所有获取招标文件的潜在投标人;不足 15 日的,采购人或者采购代理机构应当顺延提交投标文件的截止时间。

(2) 投标保证金。

招标文件要求投标人提交投标保证金的,投标保证金不得超过采购项目预算金额的 2%。

(3) 评标程序。

政府采购招标评标方法，分为最低评标价法和综合评分法。

技术、服务等标准统一的货物和服务项目，应当采用最低评标价法。

采用综合评分法的，评审标准中的分值设置应当与评审因素的量化指标相对应。

考点四：政府采购合同

履约保证金的数额不得超过政府采购合同金额的 **10%**。

应验实践

【例题 1·单选】招标文件要求投标人提交投标保证金的，投标保证金不得超过采购项目预算金额的(   )。

    A. 10%   B. 5%   C. 3%   D. 2%

【答案】D

【解析】根据《中华人民共和国政府采购法实施条例》相关内容，招标文件要求投标人提交投标保证金的，投标保证金不得超过采购项目预算金额的2%。

【例题 2·单选】根据《中华人民共和国政府采购法实施条例》相关内容，政府采购合同中，中标文件要求中标人提交履约保证金的，履约保证金的数额不得超过政府采购合同金额的(   )。

    A. 10%   B. 20%   C. 30%   D. 40%

【答案】A

【解析】根据《中华人民共和国政府采购法实施条例》相关内容，政府采购合同中，中标文件要求中标人提交履约保证金的，履约保证金的数额不得超过政府采购合同金额的10%。

四、《中华人民共和国合同法》相关内容

考点速览

1. 合同订立

考点一：合同形式和内容

(1) 合同形式。

当事人订立合同，有书面形式、口头形式和其他形式。

书面形式：法律法规规定采用书面形式的，或当事人约定采用书面形式的，应当采用书面形式。

建设工程合同应当采用书面形式。

其他形式：登记形式、批准形式。

(2) 合同内容。

考点二：合同订立程序

掌握以下三个名词。

要约邀请：是希望他人向自己发出要约的意思表示。(招标公告)
要约：是希望与他人订立合同的意思表示。(投标文件)
承诺：是受要约人同意要约的意思表示。(中标通知书)
当事人订立合同，应当采取 要约、承诺 方式。

(1) 要约。

要约是希望与他人订立合同的意思表示。

要约应当符合以下规定。

① 内容具体确定。

② 表明经受要约人承诺，要约人即受该意思表示约束。

也就是说，要约必须是特定人的意思表示，必须是以缔结合同为 目的，必须具备合同 的主要条款。

有些合同在要约之前还会有 要约邀请。

所谓要约邀请，是希望他人向自己发出要约的意思表示。要约邀请并不是合同成立过程中的必经过程，只是邀请他人向自己发出要约，即使他人作出承诺，也不能因此使合同成立。要约邀请人撤回邀请，一般也不承担法律责任。

应验实践

【**例题 1·思考**】张某向刘包工头发出一条微信：现有 100t 水泥，每吨售价 500 元，如需要，请于 8 月 1 日前到我厂提货。该微信是否属于要约？

【**答案**】属于要约。

【**例题 2·思考**】苹果手机专卖店：11 月 11—15 日店庆，iPhone 10 手机，256GB，9999 元特价促销，每天限量 100 台，先到先得。该广告属于要约还是要约邀请？

合同法.mp4

【**答案**】不属于要约，属于要约邀请。(即使承诺，合同也不一定成立)

① 要约生效。要约 到达 受要约人时生效。

【**解释**】数据电文的到达界定如下。

a. 指定特定系统接收数据电文——进入该特定系统的时间。

b. 未指定特定系统接收数据电文——进入收件人的任何系统的首次时间。

② 要约撤回和撤销。

要约可以撤回，撤回要约的通知应当在要约到达受要约人之前或者与要约同时到达受要约人。

要约可以撤销，撤销要约的通知应当在受要约人发出承诺通知之前到达受要约人。但有下列情形之一的，要约 不得撤销。

a. 要约人确定了承诺期限或者以其他形式明示要约不可撤销。

b. 受要约人有理由认为要约是不可撤销的，并已经为履行合同做了准备工作。

③ 要约失效。有下列情形之一的，要约失效。

a. 拒绝要约的通知到达要约人。

b. 要约人依法撤销要约。
c. 承诺期限届满,受要约人未作出承诺。
d. 受要约人对要约的内容作出实质性变更。

要约的组成如下。

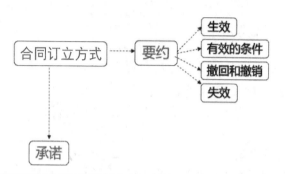

要约和承诺的区别.mp4

要约	生效	到达受要约人时
	有效的条件	①内容具体确定;以缔结合同为目的 ②表明经受要约人承诺,要约人即受该意思表示约束
	撤回和撤销	要约可撤回、可撤销 条件:撤回要约的通知应当在要约到达受要约人之前或者与要约同时到达受要约人 撤销要约的通知应当在受要约人发出承诺通知之前到达受要约人,不得撤销的情形: ①确定了承诺期限或明示要约不可撤销 ②受要约人有理由认为要约不可撤销,并已为履行合同做了准备工作
	失效	①拒绝要约的通知到达要约人 ②要约人依法撤销要约 ③承诺期限届满,受要约人未作出承诺 ④受要约人对要约的内容作出实质性变更

应验实践

【例题·单选】根据《中华人民共和国合同法》,合同的成立需要按顺序经过(   )。
　A. 要约和承诺两个阶段
　B. 要约邀请、要约和承诺三个阶段
　C. 承诺和要约两个阶段
　D. 承诺、要约邀请和要约三个阶段
【答案】A
【解析】根据《中华人民共和国合同法》的规定,当事人订立合同,需要经过要约和承诺两个阶段。要约邀请不是合同成立的必经阶段。

(2) 承诺。
承诺是受要约人同意要约的意思表示。

除根据交易习惯或者要约表明可以通过行为作出承诺的之外，承诺应当以通知的方式作出。

① 承诺期限。承诺应当在要约确定的期限内到达要约人，要约没有确定承诺期限的要求如下。

a. 对话要约：即时作出承诺，约定的除外。

b. 非对话方式要约，应在合理的期限内到达。

要约以信件或电报作出的	承诺期限自信件"载明的日期"或电报交发之日开始计算
	信件未载明日期的，自投寄该信件的邮戳日期(寄出的邮戳日期)开始计算
要约以电话、传真作出的	承诺期限自要约"到达"受要约人时开始计算

② 承诺生效。

a. 有承诺通知的，承诺通知到达要约人时生效。

b. 无承诺通知的，根据交易习惯或作出承诺的行为时生效。

c. 数据电子文件形式承诺的生效时间：

- 指定特定系统接收数据电文——进入该特定系统的时间。
- 未指定特定系统接收数据电文——进入收件人的任何系统的首次时间。

③ 承诺撤回。承诺可以撤回，撤回承诺的通知应当在承诺通知到达要约人之前或者与承诺通知同时到达要约人。

如承诺通知已经生效，意味着合同已经成立，所以承诺只能撤回，不能撤销。

④ 逾期承诺。受要约人超过承诺期限发出承诺的，除要约人及时通知受要约人该承诺有效的以外，为新要约。

⑤ 要约内容的变更。

- 承诺的内容应当与要约的内容一致。
- 受要约人对要约的内容作出实质性变更的，为新要约。
- 承诺对要约的内容作出非实质性变更的，除要约人及时表示反对或者要约表明承诺不得对要约的内容作出任何变更的以外，该承诺有效，合同的内容以承诺的内容为准。

应验实践

【例题 1·单选】 合同的订立需要经过要约和承诺两个阶段，按照《中华人民共和国合同法》规定，要约和承诺的生效是指(   )。

A. 要约到达受要约人、承诺通知发出

B. 要约通知发出、承诺通知发出

C. 要约通知发出、承诺通知到达要约人

D. 要约到达受要约人、承诺通知到达要约人

【答案】 D

【解析】 按照《中华人民共和国合同法》规定，要约和承诺的生效是指要约到达受要约人、承诺通知到达要约人。

【例题 2·单选】根据《中华人民共和国合同法》，下列关于承诺的说法，正确的是( )。
  A. 发出后的承诺通知不得撤回
  B. 承诺通知到达要约人时生效
  C. 超过承诺期限发出的承诺视为新要约
  D. 承诺的内容可以与要约的内容不一致

【答案】B

【解析】承诺通知可以撤回；承诺通知到达要约人时生效；受要约人超过承诺期限发出承诺的，除要约人及时通知受要约人该承诺有效的以外，为新要约；承诺的内容应当与要约的内容一致。

考点三：合同成立

承诺生效时合同成立。
① 合同成立的时间。
② 合同成立的地点。承诺生效的地点为合同成立的地点。
③ 合同成立的其他情形。

应验实践

【例题·单选】判断合同是否成立的依据是( )。
  A. 合同是否生效   B. 合同是否产生法律约束力
  C. 要约是否生效   D. 承诺是否生效

【答案】D

【解析】承诺生效时合同成立。

考点四：格式条款

(1) 格式条款提供者的义务。

采用格式条款订立合同，有利于提高当事人双方合同订立过程的效率、减少交易成本、避免合同订立过程中因当事人双方一事一议可能造成的合同内容的不确定性。

提供格式条款的一方应当遵循公平的原则确定当事人之间的权利和义务关系，并采取合理的方式提请对方注意免除或限制其责任的条款，按照对方的要求，对该条款予以说明。

(2) 格式条款无效。

提供格式条款一方免除自己责任、加重对方责任、排除对方主要权利的，该条款无效。此外，《中华人民共和国合同法》规定的合同无效的情形，同样适用于格式合同条款。

(3) 格式条款的解释。

对格式条款的理解发生争议的，应当按照通常理解予以解释。

对格式条款有两种以上解释的，应当作出不利于提供格式条款一方的解释。格式条款和非格式条款不一致的，应当采用非格式条款。

应验实践

【例题·多选】《中华人民共和国合同法》规定，对格式条款的理解发生争议时( )。

A. 有两种以上解释时，应作出有利于提供格式条款一方的解释
B. 有两种以上解释时，应作出不利于提供格式条款一方的解释
C. 格式条款与非格式条款不一致时，应采用格式条款
D. 格式条款与非格式条款不一致时，应采用非格式条款
E. 提供格式条款一方免除自身责任、加重对方责任、排除对方主要权利的条款无效

【答案】BDE
【解析】按照《中华人民共和国合同法》规定，对格式条款的理解发生争议的，应当按照通常理解予以解释。对格式条款有两种以上解释的，应当作出不利于提供格式条款一方的解释。格式条款和非格式条款不一致的，应当采用非格式条款。

提供格式条款的一方应当遵循公平的原则确定当事人之间的权利和义务关系，并采取合理的方式提请对方注意免除或限制其责任的条款，按照对方的要求，对该条款予以说明。提供格式条款一方免除自己责任、加重对方责任、排除对方主要权利的，该条款无效。

考点五：缔约过失责任
缔约过失责任发生于合同不成立或者合同无效的缔约过程。
其构成条件如下：
① 当事人有过错。若无过错，则不承担责任。
② 有损害后果的发生。若无损失，也不承担责任。
③ 当事人的过错行为与造成的损失有因果关系。
当事人在订立合同过程中有下列情形之一，给对方造成损失的，应当承担损害赔偿责任。
① 假借订立合同，恶意进行磋商。
② 故意隐瞒与订立合同有关的重要事实或者提供虚假情况。
③ 有其他违背诚实信用原则的行为。

应验实践

【例题·单选】在下列情形中，不构成缔约过失责任的是（ ）。
A. 假借订立合同，恶意进行磋商
B. 故意隐瞒与订立合同有关的重要事实或者提供虚假情况
C. 有其他违背诚实信用原则的行为
D. 当事人在履行合同中没有全面地履行合同的内容

【答案】D
【解析】当事人在订立合同过程中有下列情形之一，给对方造成损失的，应当承担损害赔偿责任：①假借订立合同，恶意进行磋商；②故意隐瞒与订立合同有关的重要事实或者提供虚假情况；③有其他违背诚实信用原则的行为。关于选项D，是当事人在履行合同中的违约情形，不属于缔约过失责任。

2. 合同效力

考点一：合同生效
合同生效与合同成立是两个不同的概念。
合同成立：是指双方当事人依照有关法律对合同的内容进行协商并达成一致的意见。

合同成立的判断依据是承诺是否生效。

合同生效：是指合同产生法律上的效力，具有法律约束力。

在通常情况下，合同依法成立之时，就是合同生效之日，二者在时间上是同步的。

但有些合同在成立后，并非立即产生法律效力，而是需要其他条件成立之后才开始生效。

应验实践

【例题 1·单选】订立合同的当事人依照有关法律对合同内容进行协商并达成一致意见时的合同状态称为( )。

A. 合同订立　　　　　　　　B. 合同成立

C. 合同生效　　　　　　　　D. 合同有效

【答案】B

【解析】所谓合同成立就是指当事人对合同内容进行协商并达成一致的意见。

【例题 2·单选】合同成立是指双方当事人依照有关法律对合同的内容进行协商并达成一致意见，合同是否成立的判断依据是( )。

A. 要约是否生效　　　　　　B. 承诺是否生效

C. 合同是否有效　　　　　　D. 合同是否生效

【答案】B

【解析】承诺生效时合同成立。

考点二：效力待定合同

效力待定合同是指合同已经成立，但合同效力能否产生还不能确定的合同。

效力待定合同包括：限制民事行为能力人订立的合同和无权代理人代订的合同。

(1) 限制民事行为能力人订立的合同。

根据《中华人民共和国民法通则》，限制民事行为能力人是指 10 周岁以上不满 18 周岁的未成年人，以及不能完全辨认自己行为的精神病人。

① 限制民事行为能力人订立的合同，经法定代理人追认后，该合同有效。

② 纯获利益的合同或者与其年龄、智力、精神健康状况相适应而订立的合同，不必经法定代理人追认。

与限制民事行为能力人订立合同的相对人可以催告法定代理人在 1 个月内予以追认。

(2) 无权代理人代订的合同。

无权代理人代订的合同主要包括：行为人没有代理权；超越代理权限范围；代理权终止后仍以被代理人的名义订立的合同。

① 无权代理人代订的合同对被代理人不发生效力的情形。

行为人没有代理权、超越代理权或者代理权终止后以被代理人名义订立的合同，未经被代理人追认，对被代理人不发生效力，由行为人承担责任。

与无权代理人签订合同的相对人可以催告被代理人在 1 个月内予以追认。

② 无权代理人代订的合同对被代理人具有法律效力的情形。

通过表见代理行为与相对人订立的合同具有法律效力。

第一章 工程造价管理相关法律法规与制度

③ 法人或者其他组织的法定代表人、负责人超越权限订立的合同的效力。

法人或者其他组织的法定代表人、负责人超越权限订立的合同,除相对人知道或者应当知道其超越权限的以外,该代表行为有效。

④ 无处分权的人处分他人财产合同的效力。

无处分权的人处分他人财产的合同一般为无效合同。

无处分权的人处分他人财产,经权利人追认或者无处分权的人订立合同后取得处分权的,该合同有效。

【举例】某施工单位承担某开发商的施工承包任务,因开发商拖欠工程款,施工单位将部分房屋卖给某企业,理由是开发商欠工程款,这就属于无处分权人处分他人财产。如事后开发商与施工单位签订了一份合同,将该部分房屋抵付工程款,这就相当于施工单位通过订立合同取得了该房屋的处分权。

【总结】

分 类	一般情况下的处理
限制民事行为能力人订立的合同	是否有效取决于其法定代理人是否追认
无代理权人订立的合同	是否有效取决于被代理人是否追认
表见代理人订立的合同	有效
法定代表人、负责人越权订立的合同	有效
无处分权人处分他人财产订立的合同	无效

应验实践

【例题 1·单选】根据《中华人民共和国合同法》,与限制民事行为能力人订立的合同属于( )。

A. 有效合同　　　　　　　　B. 无效合同
C. 可撤销合同　　　　　　　D. 效力待定合同

【答案】D

【解析】效力待定合同是指合同已经成立,但因其不完全符合有关合同生效的要件,其效力能否发生还未确定的合同。效力待定合同主要是由于当事人缺乏缔约能力、处分能力和代理资格所造成的。限制民事行为能力人订立的合同属于效力待定的合同。

【例题 2·单选】根据《中华人民共和国合同法》,与无权代理人签订合同的相对人可以催告被代理人在( )个月内予以追认。

A. 1　　　　B. 2　　　　C. 3　　　　D. 6

【答案】A

【解析】与无权代理人签订合同的相对人可以催告被代理人在 1 个月内予以追认。被代理人未作表示的,视为拒绝追认。合同被追认之前,善意相对人有撤销的权利。撤销应当以通知的方式作出。

考点三:无效合同

(1) 无效合同的情形。

有下列情形之一的,属合同无效。

① 一方以欺诈、胁迫的手段订立合同，损害国家利益。
② 恶意串通，损害国家、集体或第三人利益。
③ 以合法形式掩盖非法目的。
④ 损害社会公共利益。
⑤ 违反法律、行政法规的强制性规定。
(2) 合同部分条款无效的情形。
合同中的下列免责条款无效。
① 造成对方人身伤害的。
② 因故意或者重大过失造成对方财产损失的。

考点四：可变更或者撤销合同
可变更、可撤销合同的效力取决于当事人的意思，属于相对无效的合同。
(1) 合同可以变更或者撤销的情形。
当事人一方有权请求人民法院或者仲裁机构变更或者撤销的合同有以下两种情形。
① 因重大误解订立的。
② 在订立合同时显失公平的。
一方以欺诈、胁迫的手段或者乘人之危，使对方在违背真实意思的情况下订立的合同，受损害方有权请求人民法院或者仲裁机构变更或者撤销合同。

【举例】

无效合同情形	常见案例
欺诈、胁迫	施工企业伪造资质等级证书，造成国家财产的损失
恶意串通	投标人串通投标或招标人与投标人串通
以合法形式掩盖非法目的	阴阳合同
损害公共利益	规避课税合同
违反法规强制性规定	施工合同约定质量标准低于国家标准

应验实践

【例题1·多选】根据《中华人民共和国合同法》，下列各类合同中，属于无效合同的有（　　）。
　　A. 恶意串通损害第三人利益的合同
　　B. 一方以欺诈手段订立的合同
　　C. 一方乘人之危订立的合同
　　D. 损害社会公共利益的合同
　　E. 订立合同时显失公平的合同
【答案】AD
【解析】选项BCE属于可变更可撤销合同。见考点三(1)、考点四(1)。

【例题2·多选】根据《中华人民共和国合同法》，下列合同中，属于效力待定合同的有（　　）。
　　A. 因重大误解订立的合同

B. 恶意串通损害第三人利益的合同
C. 在订立合同时显失公平的合同
D. 超越代理权限范围订立的合同
E. 限制民事行为能力人订立的合同

【答案】DE
【解析】效力待定合同包括限制民事行为能力人订立的合同和无权代理人代订的合同。

(2) 撤销权消灭。
有下列情形之一的，撤销权消灭。
① 具有撤销权的当事人自知道或者应当知道撤销事由之日起 1 年内没有行使撤销权。
② 具有撤销权的当事人知道撤销事由后明确表示或者以自己的行为放弃撤销权。

(3) 无效合同或者被撤销合同的法律后果。
无效合同或者被撤销的合同自始没有法律约束力。
合同部分无效，不影响其他部分效力的，其他部分仍然有效。合同无效、被撤销或者终止的，不影响合同中独立存在的有关解决争议方法条款的效力。

应验实践

【例题·单选】根据《中华人民共和国合同法》，撤销权应自当事人知道或应当知道撤销事由之日起(   )内行使。
A. 5 年　　　　B. 2 年　　　　C. 1 年　　　　D. 6 个月
【答案】C
【解析】《中华人民共和国合同法》规定，具有撤销权的当事人自知道或者应当知道撤销事由之日起 1 年内没有行使撤销权的，撤销权消灭。

3. 合同履行

考点一：合同履行的原则
合同履行的原则主要包括全面履行原则和诚实信用原则。
考点二：合同履行的一般规定
(1) 合同有关内容没有约定或者约定不明确问题的处理。
合同生效后，当事人就质量、价款或者报酬、履行地点等内容没有约定或者约定不明确的，可以协议补充；不能达成补充协议的，按照合同有关条款或者交易习惯确定。
① 质量要求不明确问题的处理方法：
● 按照国家标准、行业标准履行；
● 没有国家标准、行业标准的，按照通常标准或者符合合同目的的特定标准履行。
② 价款或者报酬不明确问题的处理方法：
● 按照订立合同时履行地的市场价格履行；
● 依法应当执行政府定价或者政府指导价的，按照规定履行。
③ 履行地点不明确问题的处理方法：
● 给付货币的，在接受货币一方所在地履行；

- 交付不动产的，在<mark>不动产所在地</mark>履行；
- 其他标的，在<mark>履行义务一方所在地</mark>履行。

④ 履行期限不明确问题的处理方法：债务人可以随时履行，债权人也可以随时要求履行，但应当给对方必要的准备时间。

⑤ 履行方式不明确问题的处理方法：按照有利于实现合同目的的方式履行。

⑥ 履行费用负担不明确问题的处理方法：由履行义务一方负担。

应验实践

【例题·单选】根据《中华人民共和国合同法》，合同价款或者报酬约定不明确，且通过补充协议等方式不能确定的，应按照( )的市场价格履行。

A. 接受货币方所在地　　　　B. 合同订立地
C. 给付货币方所在地　　　　D. 订立合同时履行地

【答案】D

【解析】价款或者报酬不明确的，按照订立合同时履行地的市场价格履行；依法应当执行政府定价或者政府指导价的，按照规定履行。

(2) 合同履行过程中几种特殊情况的处理。

<mark>提存</mark>是指由于<mark>债权人</mark>的原因致使债务人难以履行债务时，债务人可以将标的物交给有关机关保存，以此消灭合同的制度。

4. 合同变更和转让

考点一：合同变更

【举例】合同成立以后客观情况发生了当事人在订立合同时无法预见的、非不可抗力造成的不属于商业风险的重大变化，继续履行合同对于一方当事人明显不公平或者不能实现合同目的，当事人请求人民法院变更或者解除合同的，人民法院应当根据公平原则，并结合案件的实际情况确定是否变更或者解除。

考点二：合同转让

(1) 债权转让。

若债权人转让权利，债权人应当通知债务人。未经通知，该转让对债务人不发生效力。

(2) 债务转让。

应当经债权人同意，债务人才能将合同的义务全部或者部分转移给第三人。

(3) 债权债务一并转让。

当事人一方经对方同意，可以将自己在合同中的权利和义务一并转让给第三人。

【补充】

当事人订立合同后合并的，由合并后的法人或者其他组织行使合同权利，履行合同义务。

当事人订立合同后分立的，除另有约定的以外，由分立的法人或者其他组织对合同的权利和义务享有<mark>连带债权，承担连带债务</mark>。

【例题 1·单选】根据《中华人民共和国合同法》有关合同转让的规定，下列关于债权转让的说法中，正确的是(　　)。

    A. 债权人应当通知债务人

    B. 债权人应当经债务人同意才可转让

    C. 主权利转让后从权利并不随之转让

    D. 无论何种情形合同债权都可以转让

【答案】A

【解析】本题考查的是合同的变更和转让。债权转让权利的，债权人应当通知债务人。

【例题 2·单选】债务人转移债务的，新债务人(　　)原债务人对债权人的抗辩权。

    A. 可以主张　　　　　　B. 不可以主张

    C. 应请求　　　　　　　D. 一定要主张

【答案】A

【解析】本题考查的是合同的变更和转让。债务人转移义务后，原债务人享有的对债权人的抗辩权也随债务转移而由新债务人享有，新债务人可以主张原债务人对债权人的抗辩权。债务人转移义务的，新债务人应当承担与主债务有关的从债务，但该从债务专属于原债务人自身的除外。

【例题 3·单选】债务人将合同的义务全部或部分转移给第三人的必须(　　)，否则，这种转移不发生法律效力。

    A. 通知债权人　　　　　B. 经债权人的同意

    C. 经第三人同意　　　　D. 经批准、办理登记

【答案】B

【解析】本题考查的是合同的变更和转让。债务人将合同的义务全部或部分转移给第三人的必须经债权人的同意，否则，这种转移不发生法律效力。

【例题 4·单选】合同一方当事人通过资产重组分立为两个独立的法人，原法人签订的合同(　　)。

    A. 自然终止　　　　　　B. 归于无效

    C. 仍然有效　　　　　　D. 可以撤销

【答案】C

【解析】本题考查的是合同的变更和转让。当事人订立合同后合并的，由合并后的法人或者其他组织行使合同权利，履行合同义务。当事人订立合同后分立的，除另有约定的以外，由分立的法人或者其他组织对合同的权利和义务享有连带债权，承担连带债务。

5. 合同权利义务终止

考点一：合同权利义务终止的原因

有下列情形之一的，合同的权利义务终止。

① 债务已经按照约定履行。

② 合同解除。
③ 债务相互抵消。
④ 债务人依法将标的物提存。
⑤ 债权人免除债务。
⑥ 债权债务同归于一人。
⑦ 法律规定或者当事人约定终止的其他情形。

合同权利义务的终止，不影响合同中结算和清理条款的效力。

考点二：合同解除

合同有效成立后，在尚未履行或者尚未履行完毕之前，因当事人一方或者双方的意思表示而使合同的权利义务关系(债权债务关系)自始消灭或者向将来消灭的一种民事行为。

合同解除后，尚未履行的	终止履行
合同解除后，已经履行的	根据履行情况和合同性质，当事人可以要求： ①恢复原状 ②采取其他补救措施，并有权要求赔偿损失

考点三：标的物提存

提存是指由于债权人的原因致使债务人难以履行债务时，债务人可以将标的物交给有关机关保存，以此消灭合同的制度。

债权人领取提存物的权利期限为 5 年，超过该期限，提存物扣除提存费用后归国家所有。

【补充】租房期间找不到房东，可将租金提存给公证机关。

【例题1·多选】按照《中华人民共和国合同法》的规定，合同的权利义务终止的情形有(　　)。

A. 合同解除　　　　　　　　B. 债务已经按照约定履行
C. 债务相互抵消　　　　　　D. 债务人免除债务
E. 债权债务同归于一人

【答案】ABCE

【解析】本题考查的是合同权利义务终止。有下列情形之一的，合同的权利义务终止：债务已经按照约定履行；合同解除；债务相互抵消；债务人依法将标的物提存；债权人免除债务；债权债务同归于一人；法律规定或者当事人约定终止的其他情形。

【例题2·单选】根据《中华人民共和国合同法》，债权人领取提存物的权利期限为(　　)年。

A. 1　　　　B. 2　　　　C. 3　　　　D. 5

【答案】D

【解析】债权人领取提存物的权利期限为5年，超过该期限，提存物扣除提存费用后归国家所有。

6. 违约责任

考点一：违约责任及其特点

违约责任是指合同当事人不履行或不适当履行合同，应依法承担的责任。与其他责任制度相比，违约责任有以下主要特点。

① 以有效合同为前提。
② 以合同当事人不履行或者不适当履行合同义务为要件。
③ 可由合同当事人在法定范围内约定。
④ 是一种民事赔偿责任。

考点二：违约责任的承担

(1) 违约责任的承担方式。

① 继续履行。继续履行是合同当事人一方违约时，其承担违约责任的首选方式。

② 采取补救措施。

③ 赔偿损失。

定金和违约金.mp4

④ 违约金。

约定的违约金低于造成的损失的，当事人可以请求人民法院或者仲裁机构予以增加。

约定的违约金过分高于造成的损失的，当事人可以请求人民法院或者仲裁机构予以适当减少。

当事人就迟延履行约定违约金的，违约方支付违约金后，还应当履行债务。

⑤ 定金。

当事人可以依照《中华人民共和国担保法》约定一方向对方给付定金作为债权的担保。债务人履行债务后，定金应当抵作价款或者收回。

给付定金的一方不履行约定的债务的，无权要求返还定金。

收受定金的一方不履行约定的债务的，应当双倍返还定金。

当事人既约定违约金，又约定定金的，一方违约时，对方可以选择适用违约金或者定金条款。

(2) 违约责任的承担主体。

① 合同当事人双方违约时违约责任的承担。当事人双方都违反合同的，应当各自承担相应的责任。

② 因第三人原因造成违约时违约责任的承担。

当事人一方因第三人的原因造成违约的，应当向对方承担违约责任。

当事人一方和第三人之间的纠纷，依照法律规定或者依照约定解决。

(3) 违约责任与侵权责任的选择。

① 当事人一方不履行非金钱债务或者履行非金钱债务不符合规定的，对方可以要求履行，但有下列情形之一的除外：法律上或者事实上不能履行；债务的标的不适于强制履行或者履行费用过高；债权人在合理期限内未要求履行。

② 当事人一方违约后，对方应当采取适当措施防止损失的扩大，当事人因防止损失扩大而支出的合理费用由违约方承担；没有采取措施致使损失扩大的，不得就扩大的损失请求赔偿(非违约方责任，减损的义务)。

③ 损失赔偿额应当相当于因违约所造成的损失,包括合同履行后可以获得的利益,但不得超过违反合同一方订立合同时预见到或者应当预见到的因违反合同可能造成的损失。

④ 当事人既约定违约金,又约定定金的,一方违约时,对方可以选择适用违约金或者定金条款。

应验实践

【例题1·多选】根据《中华人民共和国合同法》,关于违约责任的说法,正确的有( )。
A. 违约责任以无效合同为前提
B. 违约责任可由当事人在法定范围内约定
C. 违约责任以违反合同义务为要件
D. 违约责任必须以支付违约金的方式承担
E. 违约责任是一种民事赔偿责任

【答案】BCE

【解析】违约责任是指合同当事人不履行或不适当履行合同,应依法承担的责任。与其他责任制度相比,违约责任有以下主要特点。
① 违约责任以有效合同为前提。
② 违约责任以违反合同义务为要件。
③ 违约责任可由当事人在法定范围内约定。
④ 违约责任是一种民事赔偿责任。

【例题2·单选】根据《中华人民共和国合同法》,当事人既约定违约金,又约定定金的,一方违约时,对方的正确处理方式是( )。
A. 只能选择适用违约金条款
B. 只能选择适用定金条款
C. 同时适用违约金和定金条款
D. 可以选择适用违约金或者定金条款

【答案】D

【解析】当事人既约定违约金,又约定定金的,一方违约时,对方可以选择适用违约金或者定金条款。

7. 合同争议解决

考点一:和解与调解

和解与调解是解决合同争议的常用和有效方式。

(1) 和解。

合同当事人双方在自愿、互谅的基础上,就已经发生的争议进行商谈并达成协议,自行解决争议的一种方式。

(2) 调解。

参与调解的第三者不同,调解的性质也就不同。调解有民间调解、仲裁机构调解和法庭调解三种。

考点二:仲裁

仲裁裁决具有法律约束力。

合同当事人应当自觉执行裁决。
不执行的，另一方当事人可以申请有管辖权的人民法院强制执行。
考点三：诉讼
对于一般的合同争议，由被告住所地或者合同履行地人民法院管辖。
建设工程施工合同以施工行为地为合同履行地。

应验实践

【例题1·单选】关于合同争议仲裁的说法，正确的是(　　)。
　A. 仲裁是诉讼的前置程序
　B. 仲裁裁决在当事人认可后具有法律约束力
　C. 仲裁裁决的强制执行须向人民法院申请
　D. 仲裁协议的效力须由人民法院裁定
【答案】C
【解析】仲裁裁决具有法律约束力。合同当事人应当自觉执行裁决，不执行的，另一方当事人可以申请有管辖权的人民法院强制执行。

【例题2·单选】下列解决建设工程合同纠纷的方式中，具有强制执行法律效力的是(　　)。
　A. 和解　　　　　　　　　B. 调解
　C. 行政决定　　　　　　　D. 仲裁
【答案】D
【解析】本题考查的是解决合同争议的方法。施工合同争议的解决方式有4种，即和解、调解、仲裁和诉讼。其中，和解和调解的结果没有强制执行的法律效力，要靠当事人自觉履行。

【例题3·单选】合同当事人之间出现合同纠纷，要求仲裁机构仲裁，仲裁机构受理仲裁的前提是当事人提交(　　)。
　A. 合同公证书　　　　　　B. 仲裁协议书
　C. 履约保函　　　　　　　D. 合同担保书
【答案】B
【解析】本题考查的是解决合同争议的方法。仲裁应根据合同中的仲裁条款或事后达成的书面仲裁协议，提交仲裁机构。

五、《中华人民共和国价格法》相关内容

考点速览

1. 价格形成机制

市场调节价：经营者自主制定，通过市场竞争形成的价格。

政府指导价：政府价格主管部门或者其他有关部门，按照定价权限和范围规定基准价及其浮动幅度，指导经营者制定的价格，如粮油、猪肉。

政府定价：由政府价格主管部门或者其他有关部门，按照定价权限和范围制定的价格，如城市公共管网供应的自来水销售价格。

2. 经营者的价格行为

考点一：经营者权利
① 自主制定属于市场调节的价格。
② 在政府指导价规定的幅度内制定价格。
③ 制定属于政府指导价、政府定价产品范围内的新产品的试销价格，特定产品除外。
④ 检举、控告侵犯其依法自主定价权利的行为。

考点二：经营者义务
① 明码标价。
② 经营者不得在标价之外加价出售商品，不得收取任何未予标明的费用。

考点三：禁止性行为
包括串通、反倾销、扰乱社会秩序、损害国家利益、造谣等行为。

价格法.mp4

3. 政府的定价行为

下列商品和服务价格，政府在必要时可以实行政府指导价或政府定价。
① 与国民经济发展和人民生活关系重大的极少数商品价格(关系民生的，如原油、天然气)。
② 资源稀缺的少数商品价格(金银矿产品的收购价)。
③ 自然垄断经营的商品价格(集中供热、自来水)。
④ 重要的公用事业价格(公共交通)。
⑤ 重要的公益性服务价格(学校、医院)。

政府应当依据有关商品或者服务的社会平均成本和市场供求状况、国民经济与社会发展要求以及社会承受能力，实行合理的购销差价、批零差价、地区差价和季节差价。

制定关系群众切身利益的公用事业价格、公益性服务价格、自然垄断经营的商品价格时，应建立听证会制度，征求消费者、经营者和有关方面的意见。

应验实践

【例题 1·多选】根据《中华人民共和国价格法》，政府可依据有关商品或者服务的社会平均成本和市场供求状况、国民经济与社会发展要求以及社会承受能力，实行合理的(　　)。

A. 购销差价　　B. 批零差价　　C. 利税差价
D. 地区差价　　E. 季节差价

【答案】ABDE
【解析】政府应当依据有关商品或者服务的社会平均成本和市场供求状况、国民经济与社会发展要求以及社会承受能力，实行合理的购销差价、批零差价、地区差价和季节差价。制定关系群众切身利益的公用事业价格、公益性服务价格、自然垄断经营的商品价格时，应当建立听证会制度，征求消费者、经营者和有关方面的意见。

【例题2·单选】政府在必要时可以不对( )商品价格实行政府指导价或政府定价。

A. 资源稀缺的少数　　　　　　B. 自然垄断的
C. 重要的公用事业　　　　　　D. 价格昂贵的

【答案】D

【解析】本题考查的是《中华人民共和国价格法》的相关内容。价格昂贵的商品价格不属于政府定价范围。

【例题3·单选】根据《中华人民共和国价格法》，制定关系群众切身利益的公用事业价格、公益性服务价格、自然垄断经营的商品价格时，应当建立( )制度。

A. 听证会　　　　　　　　　　B. 公示
C. 专家审议　　　　　　　　　D. 人民代表评议

【答案】A

【解析】根据《中华人民共和国价格法》，制定关系群众切身利益的公用事业价格、公益性服务价格、自然垄断经营的商品价格时，应当建立听证会制度，征求消费者、经营者和有关方面的意见。

六、最高人民法院司法解释有关要求

考点速览

1.《施工合同法律解释一》相关规定

考点一：无效合同的价款结算

建设工程施工合同无效，但建设工程经竣工验收合格，承包人请求参照合同约定支付工程价款的，应予支持。

建设工程施工合同无效，且建设工程经竣工验收不合格的，按照以下情形分别处理。

① 修复后的建设工程经竣工验收合格，发包人请求承包人承担修复费用的，应予支持。
② 修复后的建设工程经竣工验收不合格，承包人请求支付工程价款的，不予支持。因建设工程不合格造成的损失，发包人有过错的，也应承担相应的民事责任。

考点二：工程价款利息计付

当事人对欠付工程价款利息计付标准：
● 有约定的，按照约定处理；
● 没有约定的，按照中国人民银行发布的同期同类贷款利率计息。

应验实践

【例题·单选】根据《最高人民法院关于审理建设工程施工合同纠纷案件适用法律问题的解释》，关于解决工程价款结算争议的说法，正确的是( )。

A. 欠付工程款的利息从当事人起诉之日起算
B. 当事人约定垫资利息，承包人请求按照约定支付利息的，不予支持
C. 建设工程承包人行使优先权的期限自转移占有建设工程之日起计算
D. 当事人对欠付工程款利息计付标准没有约定的，按照中国人民银行发布的同期同类贷款利率计息

【答案】D

【解析】当事人对欠付工程价款利息计付标准：有约定的，按照约定处理；没有约定的，按照中国人民银行发布的同期同类贷款利率计息。

考点三：工程竣工日期确定

当事人对建设工程实际竣工日期有争议的，按照以下情形分别处理。

① 建设工程经竣工验收合格的，以竣工验收合格之日为竣工日期。

② 承包人已经提交竣工验收报告，发包人拖延验收的，以承包人提交验收报告之日为竣工日期。

③ 建设工程未经竣工验收，发包人擅自使用的，以转移占有建设工程之日为竣工日期。

应验实践

【例题·单选】承包人已经提交竣工验收报告，发包人拖延验收的，竣工日期（　　）。
A. 以合同约定的竣工日期为准
B. 相应顺延
C. 以承包人提交竣工报告之日为准
D. 以实际通过的竣工验收之日为准

【答案】C

【解析】当事人对建设工程实际竣工日期有争议的，按照以下情形分别处理。

① 建设工程经竣工验收合格的，以竣工验收合格之日为竣工日期。

② 承包人已经提交竣工验收报告，发包人拖延验收的，以承包人提交验收报告之日为竣工日期。

③ 建设工程未经竣工验收，发包人擅自使用的，以转移占有建设工程之日为竣工日期。

考点四：计价标准与方法确定

当事人对建设工程的计价标准或者计价方法有约定的，按照约定结算工程价款。

因设计变更导致建设工程的工程量或者质量标准发生变化，当事人对该部分工程价款不能协商一致的，可以参照签订建设工程施工合同时当地建设行政主管部门发布的计价标准或者计价方法结算工程价款。

考点五：工程量确定

当事人对工程量有争议的，按照施工过程中形成的签证等书面文件确认。

承包人能够证明发包人同意其施工，但未能提供签证文件证明工程量发生的，可以按照当事人提供的其他证据确认实际发生的工程量。

考点六：工程价款结算

发包人收到竣工结算文件后，在约定期限内不予答复，视为认可竣工结算文件的，按

照约定处理。

当事人就同一建设工程另行订立的建设工程施工合同与经过备案的中标合同实质性内容不一致的，应当以备案的中标合同作为结算工程价款的依据。

当事人约定按照固定价结算工程价款，一方当事人请求对建设工程造价进行鉴定的，不予支持。

应验实践

【例题1·单选】关于发包人收到竣工结算文件后，在约定期限内不予答复，视为认可竣工结算文件的说法，正确的是(　　)。

  A. 必须在合同中有此约定，才可作为结算依据
  B. 这是法定的视为认可竣工结算文件的情形
  C. 即使合同通用条款中有此约定，也不能作为结算依据
  D. 此约定即使写入合同中，也属无效合同条款

【答案】A

【解析】发包人收到竣工结算文件后，在约定期限内不予答复，视为认可竣工结算文件的，按照约定处理。

【例题2·单选】某建设工程项目中标人与招标人签订合同并备案的同时，双方针对结算条款签订了与备案合同完全不同的补充协议。后双方因计价问题发生纠纷，遂诉至法院。法院此时应该以(　　)作为结算工程款的依据。

  A. 双方达成的补充协议　　　　B. 双方签订的备案合同
  C. 类似项目的结算价格　　　　D. 市场的平均价格

【答案】B

【解析】当事人就同一建设工程另行订立的建设工程施工合同与经过备案的中标合同实质性内容不一致的，应当以备案的中标合同作为结算工程价款的依据。

2. 《施工合同法律解释二》相关规定

考点一：开工日期争议确定

当事人对建设工程开工日期有争议的，人民法院应当分别按照以下情形予以认定。

开工日期的解释.mp4

① 开工日期为发包人或者监理人发出的开工通知载明的开工日期。
② 开工通知发出后，尚不具备开工条件的，以开工条件具备的时间为开工日期。
③ 因承包人原因导致开工时间推迟的，以开工通知载明的时间为开工日期。
④ 承包人经发包人同意已经实际进场施工的，以实际进场施工时间为开工日期。

考点二：合同约定与投标文件等不一致

当事人签订的建设工程施工合同与招标文件、投标文件、中标通知书载明的工程范围、建设工期、工程质量、工程价款不一致，一方当事人请求将招标文件、投标文件、中标通知书作为结算工程价款依据的，人民法院应予支持。

考点三：已经达成结算协议请求鉴定的处理

当事人在诉讼前已经对建设工程价款结算达成协议，诉讼中一方当事人申请对工程造价进行鉴定的，人民法院不予准许。

考点四：咨询意见的效力

当事人在诉讼前共同委托有关机构、人员对建设工程造价出具咨询意见，诉讼中一方当事人不认可该咨询意见申请鉴定的，人民法院应予准许，但双方当事人明确表示受该咨询意见约束的除外。

考点五：鉴定意见的效力

当事人对工程造价、质量、修复费用等专门性问题有争议，人民法院认为需要鉴定的，应当向负有举证责任的当事人释明。

当事人经释明未申请鉴定，虽申请鉴定但未支付鉴定费用或者拒不提供相关材料的，应当承担举证不能的法律后果。

人民法院准许当事人的鉴定申请后，应当根据当事人申请及查明案件事实的需要，确定委托鉴定的事项、范围、鉴定期限等，并组织双方当事人对争议的鉴定材料进行质证。人民法院应当组织当事人对鉴定意见进行质证。

第二节 工程造价管理制度

知识图谱

```
                          ┌── 工程造价咨询企业管理
工程造价管理制度 ─────────┤
                          └── 造价工程师职业资格管理
```

一、工程造价咨询企业管理

考点速览

1. 工程造价咨询企业资质等级标准

工程造价咨询企业资质等级分为甲级、乙级。

考点一：甲级企业资质标准

① 已取得乙级工程造价咨询企业资质证书满3年。

② 企业出资人中，注册造价工程师人数不低于出资人总人数的60%，且其认缴出资额不低于企业注册资本总额的60%。

③ 技术负责人已取得造价工程师注册证书，并具有工程或工程经济类高级专业技术职称，且从事工程造价专业工作15年以上。

第一章 工程造价管理相关法律法规与制度

④ 专职从事工程造价专业工作的人员(以下简称专职专业人员)不少于20人，其中，具有工程或者工程经济类中级以上专业技术职称的人员不少于16人，取得造价工程师注册证书的人员不少于10人，其他人员具有从事工程造价专业工作的经历。

⑤ 企业与专职专业人员签订劳动合同，且专职专业人员符合国家规定的职业年龄(出资人除外)。

⑥ 专职专业人员人事档案关系由国家认可的人事代理机构代为管理。

⑦ 企业注册资本不少于人民币100万元。

⑧ 企业近三年工程造价咨询营业收入累计不低于人民币500万元。

⑨ 具有固定的办公场所，人均办公建筑面积不少于$10m^2$。

⑩ 技术档案管理制度、质量控制制度、财务管理制度齐全。

⑪ 企业为本单位专职专业人员办理的社会基本养老保险手续齐全。

⑫ 在申请核定资质等级之日前3年内无违规行为。

考点二：乙级企业资质标准

① 企业出资人中，注册造价工程师人数不低于出资人总人数的60%，且其认缴出资额不低于注册资本总额的60%。

② 技术负责人已取得造价工程师注册证书，并具有工程或工程经济类高级专业技术职称，且从事工程造价专业工作10年以上。

③ 专职专业人员不少于12人，其中，具有工程或者工程经济类中级以上专业技术职称的人员不少于8人，取得造价工程师注册证书的人员不少于6人，其他人员具有从事工程造价专业工作的经历。

④ 企业与专职专业人员签订劳动合同，且专职专业人员符合国家规定的职业年龄(出资人除外)。

⑤ 专职专业人员人事档案关系由国家认可的人事代理机构代为管理。

⑥ 企业注册资本不少于人民币50万元。

⑦ 具有固定的办公场所，人均办公建筑面积不少于$10m^2$。

⑧ 技术档案管理制度、质量控制制度、财务管理制度齐全。

⑨ 企业为本单位专职专业人员办理的社会基本养老保险手续齐全。

⑩ 暂定期内工程造价咨询营业收入累计不低于人民币50万元。

⑪ 在申请核定资质等级之日前3年内无违规行为。

甲级和乙级资质对比记忆.mp4

【提示】造价咨询企业资质等级标准：【必会】

项目	甲级工程造价咨询企业 取得乙级资质满3年	乙级工程造价咨询企业
持证人、出资额	不少于总人数的60% 不少于企业注册资本总额的60%	不少于总人数的60% 不少于企业注册资本总额的60%
技术负责人	持证+高级职称+15年专业工作	持证+高级职称+10年专业工作
专职人员	总数不少于20人，持证不少于10人，中级职称不少于16人	总数不少于12人，持证不少于6人，中级职称不少于8人
注册资本	不少于100万元	不少于50万元

续表

营业额	近3年累计不少于 **500万元**	暂定期内不少于 **50万元**
人均办公面积	不少于 10m²	不少于 10m²
无违规行为	申请核定资质等级之日前3年	申请核定资质等级之日前3年

应验实践

【例题1·单选】根据《工程造价咨询企业管理办法》，工程造价咨询企业出资人中，注册造价工程师人数不应低于出资人总数的(　　)。

A. 50%　　　　B. 60%　　　　C. 70%　　　　D. 80%

【答案】B

【解析】无论是甲级还是乙级工程造价企业出资人中，注册造价工程师人数不低于出资人总人数的60%，且其出资额不低于企业注册资本总额的60%。

【例题2·单选】根据《工程造价咨询企业管理办法》，申请甲级工程造价咨询企业资质，须取得乙级工程造价咨询企业资质资格证书满(　　)年。

A. 3　　　　B. 4　　　　C. 5　　　　D. 6

【答案】A

【解析】申请甲级工程造价咨询企业资质，已取得乙级工程造价咨询企业资质证书满3年。

2. 工程造价咨询企业业务承接

考点一：业务范围

① 建设项目建议书及可行性研究投资估算、项目经济评价报告的**编制和审核**。

② 建设项目概预算的**编制与审核**，并配合设计方案比选、优化设计、限额设计等工作进行工程造价**分析与控制**。

③ 建设项目合同价款的确定(包括招标工程工程量清单和标底、投标报价的**编制和审核**)，合同价款的签订与调整(包括工程变更、工程洽商和索赔费用的计算)与工程款支付，工程结算及竣工结(决)算报告的**编制与审核**等。

④ 工程造价经济纠纷的鉴定和仲裁的咨询。

⑤ 提供工程造价信息服务等。

考点二：执业

考点三：企业分支机构

工程造价咨询企业设立分支机构的，应当自领取分支机构营业执照之日起**30日内**，持下列材料到分支机构工商注册所在地省、自治区、直辖市人民政府建设**主管部门备案**。

① 分支机构营业执照复印件。

② 工程造价咨询企业资质证书复印件。

③ 拟在分支机构执业的**不少于3名**注册造价工程师的注册证书复印件。

④ 分支机构固定办公场所的租赁合同或产权证明。

分支机构从事工程造价咨询业务，应当由设立该分支机构的工程造价咨询企业负责承接工程造价咨询业务、订立工程造价咨询合同、出具工程造价成果文件。

分支机构不得以自己名义：①承接工程造价咨询业务；②订立工程造价咨询合同；③出具工程造价成果文件。

考点四：跨省区承接业务

工程造价咨询企业跨省、自治区、直辖市承接工程造价咨询业务的，应当自承接业务之日起30日内到建设工程所在地省、自治区、直辖市人民政府建设主管部门备案。

应验实践

【例题1·单选】根据《工程造价咨询企业管理办法》，工程造价咨询企业设立分支机构的，在分支机构中执业的注册造价工程师人数应不少于(　　)人。

A. 3　　　　B. 4　　　　C. 5　　　　D. 6

【答案】A

【解析】工程造价咨询企业设立分支机构的，应当自领取分支机构营业执照之日起30日内，持下列材料到分支机构工商注册所在地省、自治区、直辖市人民政府建设主管部门备案：参见考点三。

【例题2·单选】根据《工程造价咨询企业管理办法》，下列关于工程造价咨询企业的说法，不正确的有(　　)。

A. 工程结算及竣工结(决)算报告的编制与审核
B. 对工程造价经济纠纷的鉴定和仲裁的咨询
C. 工程造价咨询企业可编制工程项目经济评价报告
D. 工程造价经济纠纷的鉴定和仲裁

【答案】D

【解析】本题目考查的是工程造价咨询企业的业务范围和咨询合同的履行。

工程造价咨询业务范围参见考点一。

3. 工程造价咨询企业法律责任

考点一：资质申请或取得的违规责任

申请人隐瞒有关情况或者提供虚假材料申请工程造价咨询企业资质的，不予受理或者不予资质许可，并给予警告，申请人在1年内不得再次申请工程造价咨询企业资质。

以欺骗、贿赂等不正当手段取得工程造价咨询企业资质的，由县级以上地方人民政府建设主管部门或者有关专业部门给予警告，并处1万元以上3万元以下的罚款，申请人3年内不得再次申请工程造价咨询企业资质。

考点二：经营违规责任

未取得工程造价咨询企业资质从事工程造价咨询活动或者超越资质等级承接工程造价咨询业务的，出具的工程造价成果文件无效，由县级以上地方人民政府建设主管部门或者有关专业部门给予警告，责令限期改正，并处以1万元以上3万元以下的罚款。

工程造价咨询企业不及时办理资质证书变更手续的由资质许可机关责令限期办理；逾

期不办理的,可处以 1 万元以下的罚款。

有下列行为之一的,由县级以上地方人民政府建设主管部门或者有关专业部门给予警告,责令限期改正;逾期未改正的,可处以 5000 元以上 2 万元以下的罚款。

① 新设立的分支机构不备案的。

② 跨省、自治区、直辖市承接业务不备案的。

考点三:其他违规责任

工程造价咨询企业有下列行为之一的,由县级以上地方人民政府建设主管部门或者有关专业部门给予警告,责令限期改正,并处以 1 万元以上 3 万元以下的罚款。

① 涂改、倒卖、出租、出借资质证书,或者以其他形式非法转让资质证书。

② 超越资质等级业务范围承接工程造价咨询业务。

③ 同时接受招标人和投标人或两个以上投标人对同一工程项目的工程造价咨询业务。

④ 以给予回扣、恶意压低收费等方式进行不正当竞争。

⑤ 转包承接的工程造价咨询业务。

⑥ 法律法规禁止的其他行为。

应验实践

【例题 1·单选】根据《工程造价咨询企业管理办法》,工程造价咨询企业应办理而未及时办理资质证书变更手续的,由资质许可机关责令限期办理,逾期不办理的,可处以( )以下的罚款。

A. 5000 元 B. 1 万元
C. 2 万元 D. 3 万元

【答案】B

【解析】工程造价咨询企业不及时办理资质证书变更手续的,由资质许可机关责令限期办理;逾期不办理的,可处以 1 万元以下的罚款。

【例题 2·单选】根据《工程造价咨询企业管理办法》,工程造价咨询企业可被处以 1 万元以上 3 万元以下罚款的情形是( )。

A. 跨地区承接业务不备案的
B. 出租、出借资质证书的
C. 设立分支机构未备案的
D. 提供虚假材料申请资质的

【答案】B

【解析】跨地区承接业务不备案的、设立分支机构未备案的应处以 5000 元以上 2 万元以下罚款,故 A、C 选项错误。申请人隐瞒有关情况或者提供虚假材料申请工程造价咨询企业资质的,不予受理或者不予资质许可,并给予警告,申请人在 1 年内不得再次申请工程造价咨询企业资质,故 D 选项错误。

第一章 工程造价管理相关法律法规与制度

二、造价工程师职业资格管理

考点速览

造价工程师分为一级造价工程师和二级造价工程师。

1. 职业资格考试

2. 注册

3. 执业

一、二造价工程师的执业范围.mp4

考点一：一级造价工程师执业范围

包括建设项目全过程的工程造价管理与咨询等，具体工作内容如下。

① 项目建议书、可行性研究投资估算与审核，项目评价造价分析。

② 建设工程设计概算、施工预算编制和审核。

③ 建设工程招标投标文件工程量和造价的编制与审核。

④ 建设工程合同价款、结算价款、竣工决算价款的编制与管理。

⑤ 建设工程审计、仲裁、诉讼、保险中的造价鉴定，工程造价纠纷调解。

⑥ 建设工程计价依据、造价指标的编制与管理。

⑦ 与工程造价管理有关的其他事项。

考点二：二级造价工程师执业范围

二级造价工程师主要协助一级造价工程师开展相关工作，可独立开展以下具体工作。

① 建设工程工料分析、计划、组织与成本管理，施工图预算、设计概算编制。

② 建设工程量清单、最高投标限价、投标报价编制。

③ 建设工程合同价款、结算价款和竣工决算价款的编制。

造价工程师应在本人工程造价咨询成果文件上签章，并承担相应责任。工程造价咨询成果文件应由一级造价工程师审核并加盖执业印章。

应验实践

【例题·多选】根据《注册造价工程师管理办法》，二级注册造价工程师的执业范围有( )。

A. 建设工程量清单、投标报价编制

B. 工程量清单的编制和审核

C. 建设工程施工图预算、设计概算编制

D. 建设工程合同价款的编制

E. 建设工程招标投标文件工程量和造价的编制与审核

【答案】ACD

【解析】二级造价工程师执业范围：二级造价工程师主要协助一级造价工程师开展相

关工作，可独立开展以下具体工作。

① 建设工程工料分析、计划、组织与成本管理，施工图预算、设计概算编制。

② 建设工程量清单、最高投标限价、投标报价编制。

③ 建设工程合同价款、结算价款和竣工决算价款的编制。

第二章

工程项目管理

◎ 章节导学

工程项目管理
├── 工程项目管理概述
└── 工程项目实施模式

第一节　工程项目管理概述

知识图谱

工程项目管理概述
├── 工程项目组成和分类
├── 工程建设程序
└── 工程项目管理目标和内容

一、工程项目组成和分类

考点速览

项目的划分.mp4

考点一：工程项目组成
(1) 单项工程。
单项工程是指具有独立的设计文件，竣工后可以独立发挥生产能力、投资效益的一组配套齐全的工程项目。
一般是指能独立生产的车间，包括厂房建筑、设备安装等工程。

(2) 单位(子单位)工程。

单位工程是指具备独立施工条件并能形成独立使用功能的工程，如工业厂房工程中的土建工程、设备安装工程、工业管道工程等分别是单项工程中所包含的不同性质的单位工程。有的工程项目没有单项工程，而是直接由若干单位工程组成。

(3) 分部(子分部)工程。

分部工程是指将单位工程按专业性质、建筑部位等划分的工程。包括地基与基础、主体结构、装饰装修、屋面、给排水及采暖、通风与空调、建筑电气、智能建筑、建筑节能、电梯等分部工程。(五+五)

当分部工程较大或较复杂时，可按材料种类、工艺特点、施工程序、专业系统及类别等划分为若干子分部工程。

(4) 分项工程。

分项工程是指将分部工程按主要工种、材料、施工工艺、设备类别等划分的工程，如土方开挖、土方回填、钢筋、模板、混凝土、砖砌体、木门窗制作与安装、钢结构基础等工程均属于分项工程。(计量的基本单元)

应验实践

【例题1·单选】对于一般工业与民用建筑工程而言，下列工程中，属于分部工程的是(   )。
A. 砌体工程   B. 幕墙工程
C. 钢筋工程   D. 电梯工程

【答案】D

【解析】分部工程是单位工程的组成部分，应按专业性质、建筑部位确定。一般工业与民用建筑工程的分部工程包括地基与基础工程、主体结构工程、装饰装修工程、屋面工程、给排水及采暖工程、电气工程、智能建筑工程、通风与空调工程、电梯工程。

【例题2·多选】根据《建筑工程施工质量验收统一标准》，当分部工程较大时，可按(   )将分部工程划分为若干子分部工程。
A. 专业性质   B. 施工工艺   C. 施工程序
D. 材料种类   E. 工艺特点

【答案】CDE

【解析】本题考查的是工程项目管理概述。当分部工程较大或较复杂时，可按材料种类、工艺特点、施工程序、专业系统及类别等划分为若干子分部工程。

【例题3·多选】根据《建筑工程施工质量验收统一标准》，分部工程可按(   )划分。
A. 施工工艺   B. 建筑部位   C. 材料种类
D. 专业性质   E. 材料

【答案】BD

【解析】本题考查的是工程项目管理概述。分部工程是指将单位工程按专业性质、建筑部位等划分的工程。

【例题4·单选】对于一般工业与民用建筑工程而言，下列工程中，属于分部工程的是(   )。

  A. 玻璃幕墙安装工程　　　　　　B. 装饰装修工程
  C. 工业管道工程　　　　　　　　D. 土方开挖工程

【答案】B

【解析】本题考查的是工程项目管理概述。A 属于分项工程，C 属于单位工程，D 属于分项工程。

【例题 5·单选】根据《建筑工程施工质量验收统一标准》，下列工程中，属于分项工程的是(   )。

  A. 电气工程　　　　　　　　　　B. 钢筋工程
  C. 屋面工程　　　　　　　　　　D. 外墙防水工程

【答案】B

【解析】分项工程是指将分部工程按主要工种、材料、施工工艺、设备类别等划分的工程，如土方开挖、土方回填、钢筋、模板、混凝土、砖砌体、木门窗制作与安装、玻璃幕墙等工程。

考点二：工程项目分类

(1) 按建设性质划分。

工程项目可分为新建项目、扩建项目、改建项目、迁建项目和恢复项目。

(2) 按投资作用划分。

工程项目可分为生产性项目和非生产性项目。

(3) 按项目规模划分。

为适应分级管理的需要，工程项目可分为不同等级。不同等级企业可承担不同等级工程项目。工程项目等级划分标准，根据各个时期经济发展和实际工作需要而有所变化。

(4) 按投资效益和市场需求划分。

工程项目可划分为竞争性项目、基础性项目和公益性项目。

① 竞争性项目是指投资回报率比较高、竞争性比较强的工程项目，如商务办公楼、酒店、度假村、高档公寓等工程项目。其投资主体一般为企业，由企业自主决策、自担投资风险。

② 基础性项目是指具有自然垄断性、建设周期长、投资额大而收益低的基础设施和需要政府重点扶持的一部分基础工业项目，以及直接增强国力的符合经济规模的支柱产业项目，如交通、能源、水利、城市公用设施等。

③ 公益性项目是指为社会发展服务、难以产生直接经济回报的工程项目，包括科技、文教、卫生、体育和环保等设施。

(5) 按投资来源划分。

工程项目可划分为政府投资项目和非政府投资项目。

① 政府投资项目。按照其盈利性不同，政府投资项目又可分为经营性政府投资项目和非经营性政府投资项目。

经营性政府投资项目应实行项目法人责任制；非经营性政府投资项目可实施代建制。

② 非政府投资项目。非政府投资项目一般均实行项目法人责任制。

【注意】

按投资来源划分
- 政府投资项目(按盈利性)
  - 经营性政府投资项目 → 项目法人责任制
  - 非经营性政府投资项目 → 代建制
- 非政府投资项目 → 项目法人责任制

二、工程建设程序

考点速览

考点一：投资决策阶段工作内容

(1) 编报项目建议书。

项目建议书是拟建项目单位向政府部门提出的要求建设某一项目的建议文件，是对工程项目的轮廓设想。项目建议书的主要作用是推荐一个拟建项目，论述其建设必要性、建设条件可行性和获利可能性，供国家选择并确定是否进行下一步工作。项目建议书被批准了，不等于项目被批准，只是可以进行下面的可行性研究。

(2) 编报可行性研究报告。

可行性研究是对工程项目在技术上是否可行和经济上是否合理进行科学的分析和论证。

可行性研究的工作内容如下。

① 进行市场分析与市场研究，以解决项目建设的必要性及建设规模和标准等问题。
② 进行设计方案、工艺技术方案研究，以解决项目建设的技术可行性问题。
③ 进行财务和经济分析，以解决项目建设的经济合理性问题。

(3) 投资决策管理制度。

根据《国务院关于投资体制改革的决定》(国发〔2004〕20号)，政府投资项目实行审批制；非政府投资项目实行核准制或登记备案制。

① 政府投资项目。对于采用直接投资和资本金注入方式的政府投资项目，政府需要从投资决策的角度审批项目建议书和可行性研究报告，除特殊情况外，不再审批开工报告，同时还要严格审批其初步设计和概算；对于采用投资补助、转贷和贷款贴息方式的政府投资项目，则只审批资金申请报告。

特别重大的项目还应实行专家评议制度。

国家将逐步实行政府投资项目公示制度，以广泛听取各方面的意见和建议。

② 非政府投资项目。对于企业不使用政府资金投资建设的项目，政府不再进行投资决策性质的审批，区别不同情况实行核准制或登记备案制。

a. 核准制。企业投资建设《政府核准的投资项目目录》中的项目时，仅需向政府提交**项目申请报告**，不再经过批准项目建议书、可行性研究报告和开工报告的程序。

  b. 登记备案制。对于《政府核准的投资项目目录》以外的企业投资项目，实行登记备案制。除国家另有规定外，由企业按照**属地原则**向地方政府投资主管部门备案。

【注意】

非政府投资项目→核准制或登记备案制

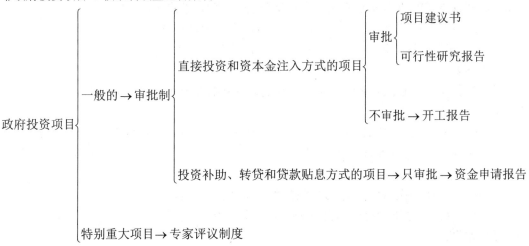

应验实践

【例题1·单选】根据《国务院关于投资体制改革的决定》，对于采用资本金注入方式的政府投资工程项目，政府投资主管部门需要严格审批的内容是( )。

  A. 资金申请报告和施工方案
  B. 初步设计和概算
  C. 施工组织设计和预算
  D. 预算和开工报告

投资决策管理制度.mp4

【答案】B

【解析】本题考查的是工程项目管理概述。政府投资项目(直接投资和资本金注入)方式的，审批项目建议书和可行性研究报告，除特殊情况外，不再审批开工报告，但要严格审批初步设计和概算。

【例题2·单选】根据《国务院关于投资体制改革的决定》，对于采用直接投资和资本金注入方式的政府投资项目，除特殊情况外，政府部门不再审批( )。

  A. 开工报告   B. 初步设计
  C. 工程概算   D. 可行性研究报告

【答案】A

【解析】参见考点一(3)。

【例题3·单选】根据《国务院关于投资体制改革的决定》，对于采用投资补助方式的政府投资项目，政府需要审批的文件是( )。

A. 项目建议书　　　　　　　B. 可行性研究报告
C. 资金申请报告　　　　　　D. 初步设计和概算

【答案】C

【解析】本题考查的是工程项目管理概述。政府投资项目实行审批制。参见考点一(3)。

【例题 4·单选】根据《国务院关于投资体制改革的决定》，对于采用投资补助、转贷和贷款贴息方式的政府投资项目，政府投资主管部门需要审批(　　)。

A. 初步设计概算　　　　　　B. 项目申请报告
C. 资金申请报告　　　　　　D. 项目开工报告

【答案】C

【解析】本题考查的是工程项目管理概述。采用投资补助、转贷和贷款贴息方式的，则只审批资金申请报告。

【例题 5·单选】根据《国务院关于投资体制改革的决定》实行备案制的项目是(　　)。

A. 政府直接投资的项目
B. 采用资金注入方式的政府投资项目
C. 《政府核准的投资项目目录》外的企业投资项目
D. 《政府核准的投资项目目录》内的企业投资项目

【答案】C

【解析】根据《国务院关于投资体制改革的决定》(国发〔2004〕20 号)，政府投资项目实行审批制；非政府投资项目实行核准制或登记备案制。对于《政府核准的投资项目目录》以外的企业投资项目，实行备案制。除国家另有规定外，由企业按照属地原则向地方政府投资主管部门备案。

考点二：建设实施阶段工作内容

(1) 工程设计。

① 工程设计阶段及内容。工程项目设计工作一般划分为两个阶段，即初步设计和施工图设计。重大和技术复杂项目，可根据需要增加技术设计阶段。

  a. 初步设计。如果初步设计提出的总概算超过可行性研究报告总投资的 10%以上或其他主要指标需要变更时，应说明原因和计算依据，并重新向原审批单位报批可行性研究报告。

  b. 技术设计。

  c. 施工图设计。

② 施工图设计文件的审查。以房屋建筑和市政基础设施工程为例，根据《房屋建筑和市政基础设施工程施工图设计文件审查管理办法》(中华人民共和国住房城乡建设部令第 13 号)，建设单位应当将施工图送施工图审查机构审查，施工图审查机构对施工图审查的内容包括以下几项。

  a. 是否符合工程建设强制性标准。
  b. 地基基础和主体结构的安全性。
  c. 消防安全性。
  d. 人防工程(不含人防指挥工程)防护安全性。
  e. 是否符合民用建筑节能强制性标准，对执行绿色建筑标准的项目，还应当审查是否符合绿色建筑标准。

f. 勘察设计企业和注册执业人员以及相关人员是否按规定在施工图上加盖相应的图章和签字。

g. 法律、法规、规章规定必须审查的其他内容。

(2) 建设准备。

建设准备工作内容如下。

① 征地、拆迁和场地平整。

② 完成施工用水、电、通信、道路等接通工作。

③ 组织招标选择监理单位、施工单位及设备、材料供应商。

④ 准备必要的施工图纸。

⑤ 办理工程质量监督和施工许可手续。

a. 办理工程质量监督手续。建设单位在办理施工许可证之前应当到规定的工程质量监督机构办理工程质量监督注册手续。

b. 办理施工许可证。

建设单位在开工前应当向工程所在地县级以上人民政府建设行政主管部门申请领取施工许可证。

应验实践

【例题1·多选】根据《房屋建筑和市政基础设施工程施工图设计文件审查管理办法》，施工图审查机构对施工图审查的内容有(　　)。

A. 是否按限额设计标准进行施工图设计
B. 是否符合工程建设强制性标准
C. 施工图预算是否超过批准的工程概算
D. 地基基础和主体结构的安全性
E. 危险性较大的工程是否有专项施工方案

【答案】BD

【解析】参见考点二(1)。

【例题2·单选】建设单位在办理工程质量监督注册手续时，需提供(　　)。

A. 投标文件　　　　　　　B. 专项施工方案
C. 施工组织设计　　　　　D. 施工图设计文件

【答案】C

【解析】建设单位在办理施工许可证之前应当到规定的工程质量监督机构办理工程质量监督注册手续。提交资料：①施工图设计文件审查报告和批准书；②中标通知书和施工、监理合同；③建设单位、施工单位和监理单位工程项目的负责人和机构组成；④施工组织设计和监理规划(监理实施细则)；⑤其他需要的文件资料。

【例题3·单选】根据《房屋建筑和市政基础设施工程施工图设计文件审查管理办法》，施工图审查机构需要对施工图涉及公共利益、公众安全和(　　)的内容进行审查。

A. 施工组织方案　　　　　B. 工程建设强制性标准

C. 施工技术方案　　　　　　D. 施工图预算

【答案】B

【解析】本题考查的是工程项目管理概述。施工图审查内容的第一条就是"是否符合工程建设强制性标准"。

【速记提示】强制性标准、安全性、签字盖章。

【例题 4·单选】下列项目开工建设准备工作中，在办理工程质量监督手续之后才能进行的工作是（　　）。

A. 办理施工许可证　　　　　B. 编制施工组织设计
C. 编制监理规划　　　　　　D. 审查施工图设计文件

【答案】A

【解析】根据题目给出的条件，选项 BCD 是办理质量监督手续过程进行的工作，根据教材，办理施工许可证也是开工前建设单位的准备工作，按照教材的顺序和排除法，只有选项 A 是正确的。

【例题 5·单选】建设工程施工许可证应当由（　　）申请领取。

A. 施工单位　　　　　　　　B. 设计单位
C. 监理单位　　　　　　　　D. 建设单位

【答案】D

【解析】建设工程施工许可证应当由建设单位申请领取。

(3) 施工安装。

需取得施工许可证方可开工，开工时间安排如下。

① 永久性工程，破土开槽。
② 无须开槽，打桩。
③ 铁路、公路、水库等，土石方工程。

分期建设的项目分别按各期工程开工的日期计算，如二期工程应根据工程设计文件规定的永久性工程开工的日期计算。

(4) 生产准备。

① 招收和培训生产人员。
② 组织准备(管理机构设置、制度规定的制定、生产人员配备等)。
③ 技术准备(生产方案、新技术)。
④ 物资准备(落实原材料、协助配合条件)。

(5) 竣工验收。

① 竣工验收范围和标准。

a. 工业项目：投料试车(带负荷运转)合格，形成生产能力的。
b. 非工业项目：符合设计要求，能够正常使用的。

都应及时组织验收，办理固定资产移交手续。

② 竣工验收准备工作。

整理技术资料→绘制竣工图→编制竣工决算。

a. 按图施工没有变动的，由承包人在原施工图上加盖"竣工图"标志后，即作为竣工图。

b. 有一般性设计变更，但能将原施工图加以修改补充作为竣工图的，可不重新绘制，由承包人负责在原施工图(必须是新蓝图)上注明修改的部分，并附以设计变更通知单和施工说明，加盖"竣工图"标志后，作为竣工图。

c. 凡结构形式改变、施工工艺改变、平面布置改变、项目改变以及有其他重大改变，不宜再在原施工图上修改、补充时，应重新绘制改变后的竣工图。由原设计原因造成的，由设计单位负责重新绘制；由施工原因造成的，由承包人负责重新绘图；由其他原因造成的，由建设单位自行绘制或委托设计单位绘制。承包人负责在新图上加盖"竣工图"标志，并附以有关记录和说明，作为竣工图。

项目主管部门或建设单位向负责验收的单位提出竣工验收申请报告。

竣工验收要根据投资主体、工程规模及复杂程度由政府有关部门或建设单位组成验收委员会或验收组。

考点三：项目后评价

项目后评价是工程项目实施阶段管理的延伸。工程项目竣工验收或交付使用，只是工程建设完成的标志，而不是工程项目管理的终结。

项目后评价的基本方法是对比法。就是将工程项目建成投产后所取得的实际效果、经济效益和社会效益、环境保护等情况与前期决策阶段的预测情况相对比，与项目建设前的情况相对比，从中发现问题，总结经验和教训。

(1) 效益后评价。

经济、环境、社会后评价，项目可持续性、项目综合效益后评价。

(2) 过程后评价。

对工程项目立项决策、设计施工、竣工投产、生产运营等全过程进行系统分析，找出项目后评价与原预期效益之间的差异及其产生原因，使后评价结论有根有据，同时针对问题提出解决办法。

竣工图.mp4

应验实践

【例题1·多选】根据现行有关规定，建设项目经批准开工建设后，其正式开工时间应是(   )的时间。

　A. 任何一项永久性工程第一次正式破土开槽

　B. 水库等工程开始进行测量放线

　C. 在不需要开槽的情况下正式开始打桩

　D. 公路工程开始进行现场准备

　E. 铁路工程开始进行土石方工程

【答案】ACE

【解析】本题考查的是工程项目管理概述。开工时间：①永久性工程，破土开槽；②无须开槽，打桩；③铁路、公路、水库等进行土石方工程。

【例题2·单选】关于建设工程竣工图的绘制和形成，下列说法中正确的是(   )。

　A. 凡按图竣工没有变动的，由发包人在原施工图上加盖"竣工图"标志

　B. 凡在施工过程中发生设计变更的，一律重新绘制竣工图

C. 平面布置发生重大改变的，一律由设计单位负责重新绘制竣工图

D. 重新绘制的新图，应加盖"竣工图"标志

【答案】D

【解析】本题考查的是工程项目管理概述。参见"考点二：建设实施阶段工作内容"中的(5)。

三、工程项目管理目标和内容

考点速览

项目管理是指在一定约束条件下，为达到项目目标(在规定的时间和预算费用内达到所要求的质量)而对项目所实施的计划、组织、指挥、协调和控制过程。

考点一：项目管理知识体系

项目管理知识体系包括 10 个知识领域，即整合管理、范围管理、进度管理、费用管理、质量管理、资源管理、沟通管理、风险管理、采购管理和利益相关者管理。

考点二：工程项目管理目标

工程项目管理的核心是控制项目基本目标(质量、造价、进度)，最终实现项目功能，以满足项目使用者及利益相关者需求。

工程项目质量、造价和进度三大目标关系：对立统一。

考点三：建设工程项目管理类型和内容

(1) 工程项目管理类型。

① 业主方项目管理。

② 工程总承包方项目管理。

③ 设计方项目管理。

④ 施工方项目管理。

⑤ 供货方项目管理。

(2) 工程项目管理的任务。

① 合同管理。

② 组织协调。

③ 目标控制。

④ 风险管理。

⑤ 信息管理。

⑥ 环保与节能。

在工程建设中，应强化环保意识，对于环保方面有要求的工程项目，在进行可行性研究时，必须提出环境影响评价报告。

在项目实施阶段，必须做到"三同时"，即主体工程与环保措施工程同时设计、同时施工、同时投入运行。

应验实践

【例题1·单选】 建设工程项目管理的核心任务是( )。
A. 控制项目采购
B. 控制项目目标
C. 控制项目风险
D. 控制项目信息

【答案】B

【解析】工程项目管理的核心是控制项目基本目标(质量、造价、进度),最终实现项目功能,以满足项目使用者及利益相关者需求。

【例题2·单选】 为了保护环境,在项目实施阶段应做到"三同时"。这里的"三同时"是指主体工程与环保措施工程要( )。
A. 同时施工、同时验收、同时投入运行
B. 同时审批、同时设计、同时施工
C. 同时设计、同时施工、同时投入运行
D. 同时施工、同时移交、同时使用

【答案】C

【解析】在项目实施阶段,必须做到"三同时",即主体工程与环保措施工程同时设计、同时施工、同时投入运行。

第二节 工程项目实施模式

知识图谱

工程项目实施模式
- 项目融资模式
- 业主方项目组织模式
- 项目承发包模式

一、项目融资模式

考点速览

项目融资是指以**拟建项目资产、预期收益、预期现金流量**等为基础进行的一种融资,而不是以项目投资者或发起人的**资信**为依据进行融资。债权人在项目融资过程中主要关注项目在**贷款期内能产生多少现金流量用于还款**,能够获得的贷款数量、融资成本高低及融资结构设计等都与项目的预期现金流量和资产价值紧密联系在一起。

近年来,常见的项目融资模式有 **BOT/PPP、ABS** 等。

考点一：**BOT/PPP 模式**

指由项目所在国政府或其所属机构为项目建设和经营提供一种特许权协议作为项目融资基础，由本国公司或者外国公司作为项目投资者和经营者，进行工程项目建设，并在特许权协议期间经营项目获取商业利润。特许期满后，根据协议将该项目转让给相应政府机构。

(1) BOT 模式的 3 种基本形式。

① 标准 BOT，即建设-经营-移交(Build-Operate-Transfer)。

投资财团愿意自己融资，建设某项基础设施，并在项目所在国政府授予的特许期内经营该公共设施，以经营收入抵偿建设投资，并获得一定收益，经营期满后将此设施转让给项目所在国政府。

② BOOT，即建设-拥有-经营-移交(Build-Own-Operate-Transfer)。

BOOT 与 BOT 的区别在于：BOOT 在特许期内既拥有经营权，又拥有所有权。此外，BOOT 的特许期要比 BOT 的长些。

③ BOO，即建设-拥有-经营(Build-Own-Operate)。

特许项目公司根据政府的特许权建设并拥有某项基础设施，但最终不将该基础设施移交给项目所在国政府。

(2) BOT 模式演变形式。

① TOT，即移交-运营-移交。

与 **BOT** 模式相比，采用 **TOT** 模式时，融资对象更为广泛，可操作性更强，使项目引资成功的可能性增加。

② TBT，即移交-建设-移交，是指将 TOT 与 BOT 融资模式组合起来。

TBT 模式的实质是政府将一个已建项目和一个待建项目打包处理，获得逐年增加的协议收入(来自待建项目)，最终收回待建项目的所有权益。

③ BT，即建设-移交，是指政府在项目建成后从民营机构中购回项目(可一次性支付也可分期支付)。

应验实践

【例题 1·单选】下列项目融资方式中，通过已建成项目为其他新项目进行融资的是(　　)。

　　A. TOT　　　　B. BT　　　　C. BOT　　　　D. PFI

【答案】A

【解析】从项目融资的角度看，TOT 是通过转让已建成项目的产权和经营权来融资的，而 BOT 是政府给予投资者特许经营权的许诺后，由投资者融资新建项目，即 TOT 是通过已建成项目为其他新项目进行融资，BOT 则是为筹建中的项目进行融资。

【例题 2·单选】与 BOT 融资方式相比，TOT 融资方式的特点是(　　)。

　　A. 融资对象更为广泛，可操作性更强

　　B. 项目产权结构易于稳定

　　C. 不需要设立具有特许权的专门机构

D. 项目招标程序大为简化

【答案】A

【解析】与 BOT 模式相比，采用 TOT 模式时，融资对象更为广泛，可操作性更强，使项目引资成功的可能性增加。

(3) PPP 模式及其分类。

PPP(Public-Private-Partnership)模式有广义和狭义之分。

狭义的 PPP 模式被认为是具有融资模式的总称，包含 BOT、TOT、TBT 等多种具体运作模式。

广义的 PPP 模式是指政府与社会资本为提供公共产品或服务而建立的各种合作关系。

根据社会资本参与程度由小到大，国际上将广义 PPP 模式分为外包类、特许经营权类和私有化类 3 种。

① 外包类。外包类 PPP 项目一般是指政府将公共基础设施的设计、建造、运营和维护等一项或多项职责委托给社会资本方，或者将部分公共服务的管理、维护等职责委托给社会资本方，政府出资并承担项目经营和收益风险，社会资本方通过政府付费实现收益，承担的风险相对较少，但却无法通过民间融资实现公共基础设施建设管理。

② 特许经营权类。特许经营权类 PPP 项目需要社会资本方参与部分或者全部投资，政府与社会资本方就特许经营权签署合同，双方共担项目风险、共享项目收益。在特许经营权期满之后，将公共基础设施交还给政府，如 BOT、TOT。

BOT 的三种模式.mp4

③ 私有化类。私有化类 PPP 项目是指社会资本方负责项目全部投资建造、运营管理等，政府只负责监管社会资本方的定价和服务质量，避免社会资本方由于权力过大影响公共福利。私有化类 PPP 项目所产生的一切费用及收益和项目所有权都归社会资本方所有，并且不具备有限追索特征，因此社会资本方在私有化类 PPP 项目中承担的风险最大。

【提示】

重点掌握 PPP 项目外包类、特许经营权类、私有化类对应承担的风险。

(4) PPP 模式运作流程。

PPP 项目运作可分为项目识别、项目准备、项目采购、项目执行、项目移交 5 个阶段。

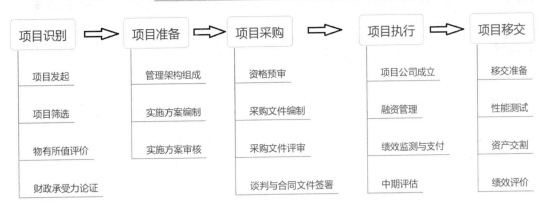

考点二：ABS 模式

ABS 意指资产支持的证券化。以拟建项目所拥有的资产为基础，以该项目资产的未来收益为保证，通过在国际资本市场上发行债券筹集资金的一种项目融资方式。

(1) ABS 模式运作过程。

① 组建特定用途公司(Special Purpose Corporation，SPC)。SPC 可以是一个信托投资公司、信用担保公司、投资保险公司或其他独立法人，该机构应能够获得国际权威资信评估机构较高级别的信用等级。由于 SPC 是进行 ABS 融资的载体，成功组建 SPC 是 ABS 能够成功运作的基本条件和关键因素。

② SPC 与项目结合。SPC 要寻找可以进行资产证券化融资的对象。一般地，投资项目所依附的资产只要在未来一定时期内能带来现金收入，就可以进行 ABS 融资。这些未来现金流量所代表的资产，是 ABS 融资模式的物质基础。

SPC 与项目的结合，就是以合同、协议等方式将原始权益人所拥有的项目资产的未来现金收入权利转让给 SPC，转让的目的在于将原始权益人本身的风险割断。

③ 进行信用增级。

④ SPC 发行债券。

⑤ SPC 偿债。

PPP 项目的模式与分类.mp4

(2) ABS 与 BOT/PPP 的区别。

ABS 模式和 BOT/PPP 模式都适用于基础设施项目融资。

不同点	BOT/PPP	ABS
运作繁简程度与融资成本	BOT/PPP 模式的操作复杂、难度大。必须经过项目确定、项目准备、招标、谈判、合同签署、建设、运营、维护、移交等阶段，涉及政府特许以及外汇担保等诸多环节，牵涉的范围广，不易实施，其融资成本也因中间环节多而增加	只涉及原始权益人、特定用途公司 SPC、投资者、证券承销商等几个主体，无须政府的特许及外汇担保，是一种主要通过民间非政府途径运作的融资方式。ABS 模式操作简单，融资成本低
项目所有权、运营权	在特许期内属于项目公司，特许期届满，所有权将移交给政府。可以引进国外先进的技术和管理，但会使外商掌握项目控制权	在债券发行期内，项目资产的所有权属于 SPC，项目的运营决策权则属于原始收益人。但不能得到国外先进的技术和管理经验
投资风险	投资人一般都为企业或金融机构，每个投资者承担的风险相对较大(风险大)	投资者是债券购买者，数量众多，分散了投资风险(风险小)
适用范围	非政府资本介入基础设施领域，因此某些关系国计民生的要害部门不能采用	在债券发行期间，项目的资产所有权虽然归 SPC 所有，但项目经营决策权依然归原始权益人所有。不必担心重要项目被外商控制

 应验实践

【例题 1·单选】采用 ABS 方式融资，组建 SPC 的作用是(　　)。

A. 由 SPC 公司直接在资金市场上发行债券
B. 由 SPC 公司与商业银行签订贷款协议
C. SPC 公司作为项目法人
D. 由 SPC 公司运营项目

【答案】A
【解析】本题考查的是工程项目实施模式。SPC 直接在资本市场上发行债券募集资金。

【例题 2·单选】关于项目融资 ABS 方式特点的说法，正确的是( )。
A. 项目经营权与决策权属特殊目的机构(SPC)
B. 债券存续期内资产所有权归特殊目的机构(SPC)
C. 项目资金主要来自项目发起人的自有资金和银行贷款
D. 复杂的项目融资过程增加了融资成本

【答案】B
【解析】ABS 模式在债券发行期内，项目资产的所有权属于 SPC，项目的运营决策权则属于原始收益人，原始收益人有义务将项目的现金收入支付给 SPC，待债券到期，用资产产生的收入还本付息后，资产的所有权又复归原始权益人。

【例题 3·单选】采用 ABS 融资方式进行项目融资的物质基础是( )。
A. 债权发行机构的注册资金
B. 项目原始权益人的全部资产
C. 债权承销机构的担保资产
D. 具有可靠未来现金流量的项目资产

【答案】D
【解析】本题考查的是工程项目实施模式。具有未来现金流量所代表的资产，是 ABS 融资模式的物质基础。

【例题 4·多选】与 ABS 融资方式相比，BOT 融资方式的特点是( )。
A. 运作程序简单   B. 投资风险大
C. 适用范围小   D. 运营方式灵活
E. 融资成本较高

【答案】BCE
【解析】本题考查的是工程项目实施模式。

不同点	BOT/PPP	ABS
运作繁简程度与融资成本	BOT/PPP 模式的操作复杂、难度大。必须经过项目确定、项目准备、招标、谈判、合同签署、建设、运营、维护、移交等阶段，涉及政府特许以及外汇担保等诸多环节，牵涉的范围广，不易实施，其融资成本也因中间环节多而增加	只涉及原始权益人、特定用途公司 SPC、投资者、证券承销商等几个主体，无须政府的特许及外汇担保，是一种主要通过民间非政府途径运作的融资方式。ABS 模式操作简单，融资成本低
项目所有权、运营权	在特许期内属于项目公司，特许期届满，所有权将移交给政府。可以引进国外先进的技术和管理，但会使外商掌握项目控制权	在债券发行期内,项目资产的所有权属于 SPC，项目的运营决策权则属于原始收益人。但不能得到国外先进的技术和管理经验

续表

不同点	BOT/PPP	ABS
投资风险	投资人一般都为企业或金融机构，每个投资者承担的风险相对较大(风险大)	投资者是债券购买者，数量众多，分散了投资风险(风险小)
适用范围	非政府资本介入基础设施领域，因此某些关系国计民生的要害部门不能采用	在债券发行期间，项目的资产所有权虽然归 SPC 所有，但项目经营决策权依然归原始权益人所有。不必担心重要项目被外商控制

二、业主方项目组织模式

 考点速览

考点一：项目管理承包

项目管理承包(Project Management Contract，PMC)是指项目业主聘请专业的工程公司或咨询公司，代表其在项目实施全过程或其中若干阶段进行项目管理。被聘请的工程公司或咨询公司被称为 PMC。采用 PMC 管理模式时，项目业主仅需保留很少部分项目管理力量对一些关键问题进行决策，绝大部分项目管理工作均由项目管理承包商承担。

(1) PMC 的类型。

(2) PMC 的工作内容【注意按发生时间区分】。

① 项目前期阶段工作内容。【发生在 EPC 招投标选择承包商之前】。

② 项目实施阶段工作内容。【发生在 EPC 总承包进行设计、采购、施工过程中的相关工作】。

考点二：工程代建制

代建制是一种针对非经营性政府投资项目的建设实施组织方式，专业化的工程项目管理单位作为代建单位，在工程项目建设过程中按照委托合同的约定代行建设单位职责。

(1) 工程代建的性质。

在项目建设期间，工程代建单位不存在经营性亏损或盈利，通过与政府投资管理机构签订代建合同，只收取代理费、咨询费。如果在项目建设期间使投资节约，可按合同约定从所节约的投资中提取一部分作为奖励。

工程代建单位不参与工程项目前期的策划决策和建成后的经营管理，也不对投资收益负责。

工程项目代建合同生效后，为了保证政府投资的合理使用，代建单位须提交工程概算投资 10% 左右的履约保函。

代建单位要承担相应的管理、咨询风险。

(2) 工程代建制与项目法人责任制的区别。

① 项目管理责任范围不同。

项目法人的责任范围覆盖工程项目策划决策及建设实施过程。

代建单位的责任范围只是在工程项目建设实施阶段。

② 项目建设资金责任不同。

项目法人需要在项目建设实施阶段负责筹措建设资金，并在项目建成后的运营期间偿还贷款及对投资方的回报。

代建单位不负责建设资金的筹措，因此也不负责偿还贷款。

③ 项目保值增值责任不同。

项目法人需要在项目全生命周期内负责资产的保值增值。

代建单位仅负责项目建设期间资金的使用，在批准的投资范围内保证建设工程项目实现预期功能，使政府投资效益最大化，不负责项目运营期间的资产保值增值。

④ 适用的工程对象不同。

项目法人责任制适用于政府投资的经营性项目。

代建制适用于政府投资的非经营性项目(主要是公益性项目)。

【注意】

不同点	法人责任制	代建制
项目管理责任范围	覆盖工程项目策划决策及建设实施过程	只是在工程项目建设实施阶段
项目建设资金责任	需要在项目建设实施阶段负责筹措建设资金，并在项目建成后的运营期间偿还贷款及对投资方的回报	不负责建设资金的筹措，因此也不负责偿还贷款
项目保值增值责任	项目法人需要在项目全生命周期内负责资产的保值增值	代建单位仅负责项目建设期间资金的使用，不负责项目运营期间的资产保值增值
适用的工程对象	适用于政府投资的经营性项目	适用于政府投资的非经营性项目(主要是公益性项目)

应验实践

【例题 1·单选】在工程代建制模式中，工程代建单位不参与工程项目的策划决策和经营管理，不对投资收益负责。一般需要提交工程概算投资(　　)左右的履约保函。

  A. 5%   B. 10%   C. 15%   D. 20%

【答案】B

【解析】本题考查的是工程项目实施模式。工程项目代建合同生效后，为了保证政府投资的合理使用，代建单位须提交工程概算投资10%左右的履约保函。

【例题 2·单选】以下关于工程代建制下代建单位责任的说法中，错误的表述是(　　)。

  A. 不参与项目前期决策
  B. 在项目建设过程中不承担管理咨询风险
  C. 不对项目运营期间资产保值增值负责
  D. 不对项目的投资收益负责

【答案】B

【解析】本题考查的是工程项目实施模式。如果代建单位未能完全履行代建合同义务，擅自变更建设内容、扩大建设规模、提高建设标准，致使工期延长、投资增加或工程质量不合格，应承担所造成的损失或投资增加额，由此可见，代建单位要承担相应的管理、咨询风险。

【例题3·多选】 下列关于工程代建制和项目法人责任制的说法，正确的是( )。

A. 对于实施工程代建制的项目，工程代建单位不负责建设资金的筹措

B. 对于实施项目法人责任制的项目，项目法人的责任范围只是在工程项目建设实施阶段

C. 对于实施工程代建制的项目不负责项目运营期间的资产保值增值

D. 对于实施项目法人责任制的项目，项目法人需要在项目全生命周期内负责资产的保值增值

E. 工程代建制适用于政府投资的经营性项目

【答案】ACD

【解析】参见考点二(2)。

三、项目承发包模式

法人责任制和代建制的不同点.mp4

考点一：DBB 模式

DBB(Design-Bid-Build)是一种较传统的工程承发包模式，即建设单位分别与工程勘察设计单位、施工单位签订合同，工程项目勘察设计、施工任务分别由工程勘察设计单位、施工单位完成。DBB 承发包模式如下图所示。

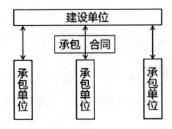

考点二：DB/EPC 模式

DB(Design & Build，设计-建造)、EPC(Engineering、Procurement、Construction，设计、采购、施工)在我国均称为工程总承包模式。

DB 模式是指从事工程总承包的单位受建设单位委托，按照合同约定，承担工程设计和施工任务。

在 EPC 模式中，工程总承包单位还要负责材料设备的采购工作。

DB/EPC 模式能够为建设单位提供工程设计和施工全过程服务，在国际上较为流行，近年来在我国逐渐被认识并得到推广应用。总分包合同结构如下图所示。

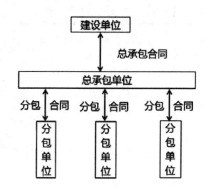

考点三：CM 模式与 Partnering 模式

(1) CM 模式。

CM(Construction Management)模式是指由建设单位委托一家 CM 单位承担项目管理工作，该 CM 单位以承包商身份进行施工管理，并在一定程度上影响工程设计活动，组织快速路径(Fast-Track)的生产方式，使工程项目实现有条件的"边设计、边施工"。

CM 模式特别适用于实施周期长、工期要求紧迫的大型复杂工程项目。采用 CM 模式，不仅有利于缩短工程项目建设周期，而且有利于控制工程质量和造价。

(2) Partnering 模式。

Partnering 模式不是一种独立存在的模式，它通常需要与工程项目其他组织模式中的某种模式结合使用。

① 出于自愿。Partnering 协议并不仅仅是建设单位与承包单位双方之间的协议，而是需要工程项目参建各方共同签署，包括建设单位、总承包单位、主要的分包单位、设计单位、咨询单位、主要的材料设备供应单位等。参与 Partnering 模式的有关各方必须是完全自愿，而非出于任何原因的强迫。

② 高层管理的参与。

③ **Partnering** 协议不是法律意义上的合同。

Partnering 协议与工程合同是两个完全不同的文件。在工程合同签订后，工程参建各方经过讨论协商后才会签署 Partnering 协议。

④ 信息的开放性。Partnering 模式强调资源共享，信息作为一种重要资源，对于工程项目参建各方必须公开。

考点四：项目承发包模式对比

承发包模式	合同形式	优缺点
DBB	建设单位分别与工程勘察设计单位、施工单位签订合同	优点：各自行使其职责和履行义务，责权利分配明确 缺点：建设周期长，设计与施工分离，设计变更可能频繁，建设单位协调工作量大

续表

承发包模式	合同形式	优缺点
DB/EPC 模式	工程总承包模式。DB/EPC 模式能够为建设单位提供工程设计和施工全过程服务	优点：有利于缩短建设工期；便于建设单位提前确定工程造价；使工程项目责任主体单一化；可减轻建设单位合同管理的负担；只与总承包单位签订合同 缺点：道德风险高；建设单位前期工作量大；工程总承包单位报价高
CM 模式	由建设单位委托一家 CM 单位承担项目管理工作，该 CM 单位以承包商身份进行施工管理，并在一定程度上影响工程设计活动，组织快速路径(Fast-Track)的生产方式，使工程项目实现有条件的"边设计、边施工"	特别适用于实施周期长、工期要求紧迫的大型复杂工程项目。采用 CM 模式，不仅有利于缩短建设周期，而且有利于控制工程质量和造价
Partnering	不是一种独立存在的模式，要与工程项目其他承包模式中的某种模式结合使用	出于自愿、高层管理者参与、Partnering 协议不是法律意义上的合同、信息开放

应验实践

【例题 1·单选】建设工程采用 DBB 模式的特点是(　　)。
　　A. 责权利分配明确，指令易贯彻
　　B. 不利于控制工程质量
　　C. 业主组织管理简单
　　D. 工程造价控制难度小
【答案】A
【解析】采用 DBB 模式的优点：建设单位、设计单位、施工总承包单位及分包单位在合同约束下，各自行使其职责和履行义务，责权利分配明确；建设单位直接管理工程设计和施工，指令易贯彻。而且由于该模式应用广泛、历史长，相关管理方法较成熟，工程参建各方对有关程序都比较熟悉。

【例题 2·多选】下列不属于建设工程 DB/EPC 模式的特点有(　　)。
　　A. 有利于缩短建设工期
　　B. 可减轻建设单位合同管理的负担
　　C. 建设单位前期工作量小
　　D. 便于建设单位提前确定工程造价
　　E. 工程总承包单位报价低
【答案】CE
【解析】DB/EPC 模式的优点：参见考点四。

【例题3·单选】CM(Construction Management)承包模式的特点是( )。

A. 建设单位与分包单位直接签订合同

B. 采用流水施工法施工

C. CM 单位可赚取总、分包之间的差价

D. 采用快速路径法施工

【答案】D

【解析】本题考查的是工程项目实施模式。CM 模式是指由建设单位委托一家 CM 单位承担项目管理工作,该 CM 单位以承包商身份进行施工管理,并在一定程度上影响工程设计活动,组织快速路径(Fast-Track)的生产方式,使工程项目实现有条件的"边设计、边施工"。

【例题4·多选】以下对 CM 承包模式特点的描述,正确的是( )。

A. 有利于业主选择承包商

B. 有利于缩短建设工期

C. 有利于控制工程造价

D. 有利于控制工程质量

E. 特别适用于实施周期长、工期要求紧迫的大型复杂工程项目

【答案】BCDE

【解析】参见考点四。

【例题5·单选】关于 Partnering 模式的说法,正确的是( )。

A. Partnering 协议是业主与承包商之间的协议

B. Partnering 模式是一种独立存在的承发包模式

C. Partnering 模式特别强调工程参建各方基层人员的参与

D. Partnering 协议不是法律意义上的合同

【答案】D

【解析】参见考点四。

【例题6·多选】关于项目承发包模式,下列说法正确的有( )。

A. 采用 CM 模式,不仅有利于缩短建设周期,而且有利于控制工程质量和造价

B. 采用 DB/EPC 模式,对工程总承包单位的综合实力和管理水平有较高要求

C. 采用 DB/EPC 模式,不利于缩短建设周期

D. Partnering 模式是一种独立存在的承发包模式

E. 采用 DBB 模式,建设单位直接管理工程设计和施工

【答案】ABE

【解析】本题考查的是工程项目实施模式。采用 DB/EPC 模式,有利于缩短建设周期。Partnering 模式不是一种独立存在的模式,它通常需要与工程项目其他承包模式中的某种模式结合使用。

第三章

工程造价构成

章节导学

工程造价构成
- 概述
- 建设项目总投资及工程造价
- 建筑安装工程费
- 设备及工器具购置费
- 工程建设其他费用
- 预备费和建设期利息

第一节 概述

知识图谱

概述
- 工程造价的含义
- 各阶段工程造价的关系和控制

第三章 工程造价构成

一、工程造价的含义

> 考点速览

工程造价是工程项目在建设期预计或实际支出的建设费用。
工程造价是指工程项目从投资决策开始到竣工投产所需的建设费用。

二、各阶段工程造价的关系和控制

> 考点速览

考点一：工程建设各阶段工程造价的关系

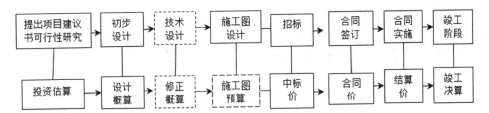

工程建设各阶段工程造价的关系：相互独立又相互联系。
考点二：工程建设各阶段工程造价的控制
有效控制工程造价原则如下。
（1）以设计阶段为重点的建设全过程造价控制。
工程造价控制的关键在于施工前的投资决策和设计阶段，而在项目作出投资决策后，控制工程造价的关键就在于设计。
（2）主动控制，以取得令人满意的结果。
将控制立足于事先主动地采取决策措施，以尽可能地减少甚至避免目标值与实际值的偏离，这是主动的、积极的控制方法，因此称为主动控制。
（3）技术与经济相结合是控制工程造价最有效的手段。
要有效地控制工程造价，应从组织、技术、经济等多方面采取措施。
从组织上采取的措施，包括明确项目组织结构、明确造价控制者及其任务、明确管理职能分工。
从技术上采取措施，包括重视设计多方案选择以及严格审查监督初步设计、技术设计、施工图设计、施工组织设计，深入技术领域研究节约投资的可能。
从经济上采取措施，包括动态地比较造价的计划值和实际值、严格审核各项费用支出、采取节约投资的有力措施等。
正确处理技术先进与经济合理两者之间的对立统一关系，力求在技术先进条件下的经济合理，在经济合理基础上的技术先进，把控制工程造价观念渗透到各项设计和施工技术措施之中。

考点三：工程造价控制的主要内容

(1) 项目投资阶段。

确定**投资估算**的总额，将投资估算的误差率控制在允许的范围之内。投资估算对工程造价起到**指导性和总体控制**的作用。

(2) 初步设计阶段。

初步设计是工程设计投资控制的**最关键环节**，经批准的设计概算是工程造价控制最高限额，也是控制工程造价的主要依据。

(3) 施工图设计阶段。

以被批准的设计概算为控制目标，应用限额设计、价值工程等方法进行施工图设计。

(4) 工程施工招标阶段。

初步**确定工程的合同价**。业主通过施工招标，择优选定承包商，是工程造价控制的重要手段。

(5) 工程施工阶段。

通过控制工程变更、风险管理等方法，合理确定进度款和结算款，控制工程费用的支出。施工阶段是工程造价的执行和完成阶段。

(6) 竣工验收阶段。

全面汇总工程建设中的**全部实际费用**，编制竣工结算与决算。

应验实践

【例题1·单选】建设工程项目投资决策完成后，控制工程造价的关键在于(　　)。

　　A. 工程设计　　　　　　B. 工程招标
　　C. 工程施工　　　　　　D. 工程结算

【答案】A

【解析】工程造价控制的关键在于施工前的投资决策和设计阶段，而在项目作出投资决策后，控制工程造价的关键就在于设计。

【例题2·单选】为了有效地控制工程造价，应将工程造价管理的重点放在工程项目的(　　)阶段。

　　A. 初步设计和招标　　　B. 施工图设计和预算
　　C. 策划决策和设计　　　D. 方案设计和概算

【答案】C

【解析】工程造价管理的关键在于前期决策和设计阶段，而在项目作出投资决策后，控制工程造价的关键就在于设计。

【例题3·单选】为了有效地控制建设工程造价，造价工程师可采取的组织措施是(　　)。

　　A. 重视工程设计多方案的选择
　　B. 明确造价控制者及其任务
　　C. 严格审查施工组织设计
　　D. 严格审核各项费用支出

【答案】B
【解析】技术与经济相结合是控制工程造价最有效的手段,参见考点二(3)。

第二节 建设项目总投资及工程造价

 知识图谱

```
建设项目总投资及工程造价 ── 建设项目总投资的含义
                         └─ 建设项目总投资的构成
```

一、建设项目总投资的含义

考点速览

不同阶段工程造价的名称.mp4

建设项目总投资是指为完成工程项目建设并达到使用要求或生产条件在建设期内预计或实际投入的全部费用总和。

生产性建设项目总投资包括工程造价(或固定资产投资)和流动资金(或流动资产投资)。

非生产性建设项目总投资一般仅指工程造价。

工程造价(固定资产投资)包括建设投资和建设期利息。

建设投资是工程造价中的主要构成部分,是为完成工程项目建设,在建设期内投入且形成现金流出的全部费用,包括工程费用、工程建设其他费用和预备费三部分。

流动资金指为进行正常生产运营,用于购买原材料、燃料、支付工资及其他经营费用等所需的**周转资金**。

在可行性研究阶段可根据需要计为全部流动资金,在初步设计及以后阶段可根据需要计为铺底流动资金。铺底流动资金是指生产经营性建设项目为保证投产后正常的生产营运所需,并在项目资本金中筹措的自有流动资金。

应验实践

【例题1·单选】生产性建设项目的总投资由(　　)两部分构成。
A. 固定资产投资和流动资产投资
B. 有形资产投资和无形资产投资
C. 建筑安装工程费用和设备工器具购置费用
D. 建筑安装工程费用和工程建设其他费用

【答案】A
【解析】生产性建设项目总投资包括工程造价(或固定资产投资)和流动资金(或流动资

产投资)两部分；非生产性建设项目总投资一般仅指工程造价。

【例题2·单选】关于我国建设项目投资，下列说法中正确的是(　　)。

A. 非生产性建设项目总投资由固定资产投资和铺底流动资金组成
B. 生产性建设项目总投资由工程费用、工程建设其他费用和预备费三部分组成
C. 建设投资是为了完成工程项目建设，在建设期内投入且形成现金流出的全部费用
D. 建设投资由固定资产投资和建设期利息组成

【答案】C

【解析】非生产性建设项目总投资一般仅指工程造价，故A选项错误。生产性建设项目总投资包括建设投资、建设期利息和流动资金三部分，故B选项错误。建设投资包括工程费用、工程建设其他费用和预备费三部分，故D选项错误。

二、建设项目总投资的构成

工程造价控制的关键阶段.mp4

考点速览

考点：建设项目总投资的构成

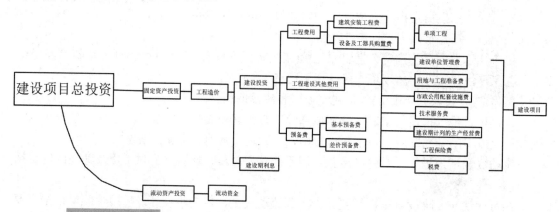

(1) 建设项目总投资。

为完成工程项目建设并达到使用要求或生产条件，在建设期内预计或实际投入的全部费用总和。

(2) 工程造价。

建设期预计或实际支出的建设费用。

(3) 建设投资。

为了完成工程项目建设，在建设期内投入且形成现金流出的全部费用。

(4) 流动资金。

为进行正常生产运营，用于购买原材料、燃料、支付工资及其他经营费用等所需的周转资金。

【总结】我国现行建设项目总投资的构成

总投资=固定资产投资+流动资产投资=工程造价+流动资金

工程造价=建设投资+建设期利息(并列关系)
建设投资=工程费用+工程建设其他费用+预备费
工程费用=设备及工器具购置费+建筑安装工程费

(5) 补充。

① 上图是针对生产性建设项目的,对于非生产性建设项目的总投资包括建设投资和建设期利息两项,不包括流动资金。

② 在可行性研究阶段可根据需要计为全部流动资金,在初步设计及以后阶段可根据需要计为铺底流动资金。铺底流动资金是指生产经营性建设项目为保证投产后正常的生产营运所需,并在项目资本金中筹措的自有流动资金。

应验实践

【例题1·单选】根据现行建设项目投资相关规定,固定资产投资应与( )相对应。

A. 工程费用+工程建设其他费用
B. 建设投资+建设期利息
C. 建设安装工程费+设备及工器具购置费
D. 建设项目总投资

建设项目总投资的组成.mp4

【答案】B

【解析】本题考查的是建设项目总投资的构成。生产性建设项目总投资包括建设投资、建设期利息和流动资金三部分;非生产性建设项目总投资包括建设投资和建设期利息两部分。其中建设投资和建设期利息之和对应于固定资产投资。

【例题2·单选】根据现行建设项目工程造价构成的相关规定,工程造价是指( )。

A. 为完成工程项目建造,生产性设备及配合工程安装设备的费用
B. 建设期内直接用于工程建造、设备购置及其安装的建设投资
C. 为完成工程项目建设,在建设期内投入且形成现金流出的全部费用
D. 在建设期内预计或实际支出的建设费用

【答案】D

【解析】本题考查的是建设项目总投资的构成。工程造价是指在建设期预计或实际支出的建设费用。

第三节 建筑安装工程费

建筑安装工程费 —— 按费用构成要素划分
         —— 按造价形式划分

一、按费用构成要素划分

考点速览

建筑安装工程费按费用构成要素划分主要包括：①人工费；②材料费；③施工机具使用费；④企业管理费；⑤利润；⑥规费；⑦增值税。其中人工费、材料费、施工机具使用费、企业管理费和利润包含在分部分项工程费、措施项目费、其他项目费中。

考点一：人工费【支付给工人的各项费用】

人工费是指支付给直接从事建筑安装工程施工作业的生产工人的各项费用。主要包括以下几项。

① 计时工资或计件工资。
② 奖金。
③ 津贴补贴，如流动施工津贴、特殊地区施工津贴、高温(寒)作业临时津贴、高空津贴等。
④ 加班加点工资。
⑤ 特殊情况下支付的工资，包括因病、工伤、产假、停工学习等原因支付的工资。

应验实践

【例题 1·多选】建筑安装工程费按费用构成要素可划分为( )。

A. 施工机具使用费　　B. 材料费
C. 风险费用　　　　　D. 利润
E. 增值税

建设项目总投资的树枝组成.mp4

【答案】ABDE

【解析】按照费用构成要素划分，建筑安装工程费包括人工费、材料费、施工机具使用费、企业管理费、利润、规费和增值税。

【例题 2·多选】下列费用中，属于建筑安装工程人工费的有( )。

A. 生产工人的技能培训费用
B. 生产工人的流动施工津贴
C. 生产工人的增收节支奖金
D. 项目管理人员的计时工资
E. 生产工人在法定节假日的加班工资

【答案】BCE

【解析】人工费是指按工资总额构成规定，"支付给从事建筑安装工程施工的生产工人和附属生产单位工人的各项费用"。内容包括：①计时工资或计件工资；②奖金；③津贴补贴；④加班加点工资；⑤特殊情况下支付的工资。

【例题 3·单选】根据《建筑安装工程费用项目组成》(建标〔2013〕44 号)，建筑安装工程生产工人的高温作业临时津贴应计入( )。

A. 劳动保护费　　　　　　B. 规费
C. 企业管理费　　　　　　D. 人工费

【答案】D

【解析】根据《建筑安装工程费用项目组成》(建标〔2013〕44号)，建筑安装工程生产工人的高温作业临时津贴应计入人工费。

考点二：材料费【施工过程中耗费的各种材料】

材料费是指工程施工过程中耗费的原材料、辅助材料、构配件、零件、半成品或成品、工程设备的费用以及周转材料等的摊销、租赁费用。

材料费=Σ(材料消耗量×材料单价)

(1) 材料消耗量。

材料消耗量是指在正常施工生产条件下，完成规定计量单位的建筑安装产品所消耗的各类材料的净用量和不可避免的损耗量。

(2) 材料单价。

材料单价是指建筑材料从其来源地运到施工工地仓库直至出库形成的综合平均单价，由材料原价、运杂费、运输损耗费、采购及保管费组成。

当采用一般计税方法时，材料单价需扣除增值税进项税额。

工程设备是指构成或计划构成永久工程一部分的机电设备、金属结构设备、仪器装置及其他类似的设备和装置。

应验实践

【例题1·单选】施工中发生的下列与材料有关的费用中，属于材料单价的费用是( )。

A. 对原材料进行鉴定发生的费用
B. 施工机械整体场外运输的辅助材料费
C. 原材料在运输装卸过程中不可避免的损耗费
D. 机械设备日常保养所需的材料费用

【答案】C

【解析】材料单价是指建筑材料从其来源地运到施工工地仓库直至出库形成的综合平均单价。由材料原价、运杂费、运输损耗费、采购及保管费组成。其中运输损耗费是指材料在运输装卸过程中不可避免的损耗。

【例题2·多选】按照费用构成要素划分的建筑安装工程费用项目组成规定，下列费用项目应列入材料费的有( )。

A. 周转材料的摊销、租赁费用
B. 材料运输损耗费用
C. 施工企业对材料进行一般鉴定、检查发生的费用
D. 材料运杂费中的增值税进项税额
E. 材料采购及保管费用

【答案】ABE

【解析】本题考查的是建筑安装工程费。选项C错误，施工企业对材料进行一般性鉴定、检查发生的费用属于企业管理费；选项D错误，当一般纳税人采用一般计税方法时，材料单价中的材料原价、运杂费等均应扣除增值税进项税额。

考点三：施工机具使用费

施工机具使用费是指施工作业所发生的施工机械、仪器仪表使用费或其租赁费。包括施工机械使用费、仪器仪表使用费。

当一般纳税人采用一般计税办法时，材料单价中材料原价、运杂费等均应扣除增值税进项税额；施工机械台班单价和仪器仪表使用费中的相关子项均需扣除增值税进项税额。

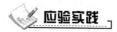 应验实践

【例题1·单选】根据现行建筑安装工程费用项目组成的规定，下列费用项目中，属于施工机具使用费的是(　　)。

A. 仪器仪表使用费　　B. 施工机械财产保险费
C. 大型机械进出场费　　D. 大型机械安拆费

【答案】A

【解析】施工机具使用费是指施工作业所发生的施工机械、仪器仪表使用费或租赁费。

【例题2·单选】根据《建筑安装工程费用项目组成》(建标〔2013〕44号)，工程施工中所使用的仪器仪表维修费应计入(　　)。

A. 施工机具使用费　　B. 工具用具使用费
C. 固定资产使用费　　D. 企业管理费

【答案】A

【解析】施工机具使用费包括施工机械使用费和仪器仪表使用费。其中，仪器仪表使用费是指工程施工所需使用的仪器仪表的摊销及维修费用。

造价按照费用构成要素的划分.mp4

考点四：企业管理费

企业管理费是指建筑安装企业组织施工生产和经营管理所需的费用。内容包括以下几项。

(1) 管理人员工资。
(2) 办公费。
(3) 差旅交通费。
(4) 固定资产使用费。
(5) 工具用具使用费。
(6) 劳动保险和职工福利费。
(7) 劳动保护费。
(8) 检验试验费(施工单位列支)。注意与工程建设其他费中的研究实验费(发包人列支)相区分。
(9) 工会经费。

(10) 职工教育经费。

(11) 财产保险费。

(12) 财务费。

(13) 税金。

税金是指企业按规定缴纳的房产税、车船使用税、土地使用税、印花税等。(注意和增值税相区分)

(14) 其他。

① 固定资产使用费。是指**管理和试验部门**等使用的属于固定资产的房屋、设备等的折旧、大修、维修、租赁费。

② 工具用具使用费。是指企业施工生产和管理使用**的不属于固定资产**的工具、器具、家具、交通工具和检验、试验、测绘、消防用具等的购置、维修和摊销费。

③ 劳动保险和**职工福利费**。是指由企业支付的职工退职金、按规定支付给离休干部的经费，集体福利费、夏季防暑降温、冬季取暖补贴、上下班交通补贴等。

④ **劳动保护费**。是企业按规定发放的劳动保护用品的支出，如工作服、手套、防暑降温饮料以及在有碍身体健康的环境中施工的保健费用等。

⑤ **检验试验费**。是指施工企业按照有关标准规定，对建筑以及材料、构件和建筑安装物进行**一般鉴定、检查**所发生的费用，包括自设实验室进行试验所耗用的材料等费用。**不包括新结构、新材料的试验费，对构件做破坏性试验及其他特殊要求检验试验的费用和建设单位委托检测机构进行检测的费用，对此类检测发生的费用，由建设单位在工程建设其他费用中列支**。但对施工企业提供的具有合格证明的材料进行检测不合格的，该检测费用由施工企业支付。

⑥ 财产保险费。施工管理用财产、车辆等的保险费用。

⑦ 财务费。筹集资金或提供预付款担保、履约担保、职工工资支付担保所发生的各种费用。

⑧ 税金。**企业缴纳**的房产税、非生产性车船使用税、土地使用税、印花税、**城市维护建设税、教育费附加、地方教育费附加**等。

企业管理费的分类.mp4

⑨ 其他。包括技术转让费、技术开发费、投标费、业务招待费、绿化费、广告费、公证费、法律顾问费、审计费、咨询费、保险费等。

一般计税方法下，进项税抵扣原则如下。

办公费	购进自来水、暖气冷气、图书、报纸、杂志适用的税率为**10%**，接受邮政和基础电信服务适用税率为**10%**，接受增值电信服务适用的税率为**6%**，其他税率一般为**16%**
固定资产使用费	当采用一般计税方法时，固定资产使用费中增值税进项税额的扣除原则：购入的不动产适用的税率为**10%**，购入的其他固定资产适用的税率为**16%**。设备、仪器的折旧、大修、维修或租赁费以购进货物、接受修理修配劳务或租赁有形动产服务适用的税率扣减，均为**16%**
工具用具使用费	以购进货物或接受修理修配劳务适用的税率扣减，均为**17%**
检验试验费	税率为**6%**

【**口诀记忆**】三工、差、使用、保险金、财检、劳公

三工：管理人员工资+工会经费+职工教育经费

差：差旅交通费

使用：固定资产使用费+工具用具使用费

保险金：劳动保险+财产保险+税金

财检：财务费+检验试验费

劳公：劳动保护费+办公费

应验实践

【例题 1·单选】 施工企业按照规定标准对采购的建筑材料进行一般性鉴定，检查发生的费用应计入( )。

  A. 材料费　　　　　　　　B. 企业管理费

  C. 人工费　　　　　　　　D. 措施项目费

【答案】 B

【解析】 检验试验费是指施工企业按照有关标准规定，对建筑以及材料、构件和建筑安装物进行一般鉴定、检查所发生的费用，包括自设实验室进行试验所耗用的材料等费用。检验试验费属于企业管理费。

【例题 2·多选】 根据我国现行建筑安装工程费用项目组成规定，下列施工企业发生的费用中，应计入企业管理费的是( )。

  A. 建筑材料、构件一般性鉴定检查费

  B. 支付给企业离休干部的经费

  C. 施工现场工程排污费

  D. 履约担保所发生的费用

  E. 施工生产用仪器仪表使用费

【答案】 ABD

【解析】 本题考查的是建筑安装工程费。选项 C 属于规费。选项 E 属于施工机具使用费。

【例题 3·多选】 根据现行建筑安装工程费用项目组成规定，下列费用项目中，属于建筑安装工程企业管理费的有( )。

  A. 仪器仪表使用费

  B. 工具用具使用费

  C. 建筑安装工程一切险

  D. 地方教育费附加

  E. 劳动保险费

【答案】 BDE

【解析】 A 选项属于我国建筑安装工程费中的施工机具使用费，C 选项属于国外管理费。

【例题 4·单选】 施工企业向建设单位提供预付款担保生产的费用，属于( )。

  A. 财务费　　　　　　　　B. 财产保险费

  C. 风险费　　　　　　　　D. 办公费

【答案】 A

【解析】 财务费是指企业为施工生产筹集资金或提供预付款担保、履约担保、职工工资支付担保等所发生的各种费用。

考点五：利润

利润是指施工企业完成所承包工程获得的盈利。

考点六：规费【五险一金】

(1) 社会保险费(五险)。

① 养老保险费。

② 失业保险费。

③ 医疗保险费。

④ 生育保险费。

⑤ 工伤保险费。

(2) 住房公积金(一金)。

应验实践

【例题·单选】根据《建筑安装工程费用项目组成》(建标〔2013〕44号)，下列费用中，属于规费的有(   )。

　　A. 劳动保护费　　　　　　B. 安全施工费

　　C. 环境保养费　　　　　　D. 住房公积金

【答案】D

【解析】规费是指按国家法律、法规规定，由省级政府和省级有关权力部门规定必须缴纳或计取的费用，包括社会保险费和住房公积金。

考点七：增值税

建筑安装工程费用中的增值税是指按照国家税法规定的应计入建筑安装工程造价内的增值税销项税额，按税前造价乘以增值税适用税率确定。

企业管理费口诀.mp4

二、按造价形式划分

考点速览

建筑安装工程费按造价形式划分主要包括分部分项工程费、措施项目费、其他项目费、规费、增值税。

其中，分部分项工程费、措施项目费、其他项目费包含人工费、材料费、施工机具使用费、企业管理费和利润。

考点一：分部分项工程费

分部分项工程费是指各专业工程的分部分项工程应予列支的各项费用。

(1) 专业工程。

是指按现行国家计量规范划分的房屋建筑与装饰工程、仿古建筑工程、通用安装工程、市政工程、园林绿化工程、矿山工程、构筑物工程、城市轨道交通工程、爆破工程等各类工程。

(2) 分部分项工程。

指按现行国家计量规范对各专业工程划分的项目，如房屋建筑与装饰工程划分的土石方工程、地基处理与桩基工程、砌筑工程、钢筋及钢筋混凝土工程等。

考点二：措施项目费

措施项目费是指为完成建设工程施工，发生于该工程施工前和施工过程中的技术、生活、安全、环境保护等方面的费用。

(1) 安全文明施工费(非竞争性费用)。

施工期间，施工单位为保证安全施工、文明施工和保护现场内外环境等所发生的措施项目费用。

① 环境保护费。
② 文明施工费。
③ 安全施工费。
④ 临时设施费(施工单位的，包括搭设、维修、拆除、清理费或摊销费)。

(2) 夜间施工增加费。

夜间施工增加费是指因夜间施工所发生的夜班补助、夜间施工降效、夜间施工照明设备摊销及照明用电等费用。

(3) 二次搬运费。

二次搬运费是指因施工场地条件限制而发生的材料、构配件、半成品等一次运输不能到达堆放地点，必须进行二次或多次搬运所发生的费用。

(4) 冬雨季施工增加费。

冬雨季施工增加费是指在冬季或雨季施工需增加的临时设施、防滑、排除雨雪，人工及施工机械效率降低等费用。

(5) 已完工程及设备保护费。

已完工程及设备保护费是指竣工验收前，对已完工程及设备采取的必要保护措施所发生的费用。

(6) 工程定位复测费。

工程定位复测费是指工程施工过程中进行全部施工测量放线和复测工作的费用。

(7) 特殊地区施工增加费。

特殊地区施工增加费是指工程在沙漠或其边缘地区、高海拔、高寒、原始森林等特殊地区施工增加的费用。

(8) 大型机械设备进出场及安拆费。

大型机械设备进出场及安拆费是指机械整体或分体自停放场地运至施工现场或由一个施工地点运至另一个施工地点，所发生的机械进出场运输和转移费用及机械在施工现场进行安装、拆卸所需的人工费、材料费、机械费、试运转费和安装所需的辅助设施的费用。

(9) 脚手架工程费。

脚手架工程费是指施工需要的各种脚手架搭、拆、运输费用以及脚手架购置费的摊销(或租赁)费用。

其他：模板、构件或设备安装所需的操作平台搭设等措施项目费用。

应验实践

【例题1·单选】 根据现行建筑安装工程费用项目组成规定，下列费用项目属于按造价形成划分的是（   ）。

    A. 人工费   B. 企业管理费

    C. 利润   D. 增值税

【答案】 D

【解析】 建筑安装工程费按照工程造价形成由分部分项工程费、措施项目费、其他项目费、规费和增值税组成。

【例题2·单选】 施工过程中，施工测量放线和复测工作发生的费用应计入（   ）。

    A. 分部分项工程费   B. 其他项目费

    C. 企业管理费   D. 措施项目费

【答案】 D

【解析】 措施项目费中工程定位复测费指工程施工过程中进行全部施工测量放线和复测工作的费用。

【例题3·单选】 下列费用中，属于安装工程费中措施项目费的是（   ）。

    A. 施工机具使用费   B. 暂列金额

    C. 工程定位复测费   D. 工程排污费

【答案】 C

【解析】 措施项目费中工程定位复测费指工程施工过程中进行全部施工测量放线和复测工作的费用。

规费口诀.mp4

【例题4·单选】 在建筑安装工程费用中，脚手架搭、拆、运输费用应列入（   ）。

    A. 直接工程费   B. 企业管理费

    C. 规费   D. 措施项目费

【答案】 D

【解析】 本题考查的是建筑安装工程费。建筑安装工程费中的措施项目费之一——脚手架工程费，是指施工需要的各种脚手架的搭、拆、运输费用以及脚手架购置费的摊销（或租赁）费用。

【例题5·多选】 下列费用中属于措施项目费的有（   ）。

    A. 仪器仪表使用费   B. 二次搬运费

    C. 冬雨季施工增加费   D. 临时设施费

    E. 脚手架工程费

【答案】 BCDE

【解析】 本题考查的是建筑安装工程费。措施项目费包括：安全文明施工费（非竞争性费用）；夜间施工增加费；二次搬运费；冬雨季施工增加费；已完工程及设备保护费；工程定位复测费；特殊地区施工增加费；脚手架工程费；大型机械设备进出场及安拆费。

考点三：其他项目费

(1) 暂列金额。

暂列金额是指建设单位在工程量清单中暂定并包括在工程合同价款中的一笔款项。用于施工合同签订时尚未确定或者不可预见的所需材料、工程设备、服务的采购，施工中可能发生的工程变更、合同约定调整因素出现时的工程价款调整以及发生的索赔、现场签证确认等的费用。

(2) 计日工。

计日工是指在施工过程中，施工企业完成建设单位提出的施工图纸以外的零星项目或工作所需的费用。

(3) 总承包服务费。

总承包服务费是指总承包人为配合、协调建设单位进行的专业工程发包，对建设单位自行采购的材料、工程设备等进行保管以及施工现场管理、竣工资料汇总整理等服务所需的费用。

应验实践

【例题 1·单选】根据我国现行建筑安装工程费用项目组成的规定，下列费用中应计入暂列金额的是(　　)。

A. 施工过程中可能发生的工程变更以及索赔、现场签证等费用
B. 应建设单位要求，完成建设项目之外的零星项目费用
C. 对建设单位自行采购的材料进行保管所发生的费用
D. 特殊地区施工增加费

【答案】A

【解析】本题考查的是建筑安装工程费。暂列金额是指建设单位在工程量清单中暂定并包括在工程合同价款中的一笔款项。用于施工合同签订时尚未确定或者不可预见的所需材料、工程设备、服务的采购，施工中可能发生的工程变更、合同约定调整因素出现时的工程价款调整以及发生的索赔、现场签证确认等的费用。选项 B 属于计日工；选项 C 属于总承包服务费；选项 D 属于措施项目增加费。

【例题 2·多选】建筑安装工程费用项目组成中，暂列金额主要用于(　　)。

A. 施工合同签订时尚未确定的材料设备采购费用
B. 施工图纸以外的零星项目所需的费用
C. 隐藏工程二次检验的费用
D. 施工中可能发生的工程变更价款调整的费用
E. 项目施工现场签证确认的费用

【答案】ADE

【解析】暂列金额是指建设单位在工程量清单中暂定并包括在工程合同价款中的一笔款项。用于施工合同签订时尚未确定或者不可预见的所需材料、工程设备、服务的采购，施工中可能发生的工程变更、合同约定调整因素出现时的工程价款调整以及发生的索赔、现场签证确认等的费用。

【例题3·多选】建筑安装工程费按照工程费用计价过程划分,下列( )属于其他项目费。

A. 安全文明施工费 B. 暂列金额
C. 暂估价 D. 计日工
E. 总承包服务费

【答案】BDE

【解析】本题考查的是建筑安装工程费。A属于措施项目费,C不包含清单中的划分。

第四节 设备及工器具购置费

知识图谱

设备及工器具购置费 ── 设备购置费
               └─ 工器具及生产家具购置费

一、设备购置费

设备购置费是指购置或自制的达到固定资产标准的设备所需的费用。由设备原价和设备运杂费构成。

$$设备购置费=设备原价+设备运杂费$$

考点一:国产设备原价的构成及计算

国产设备原价一般指的是设备制造厂的工厂交货价(出厂价)。

国产设备原价分为国产标准设备原价和国产非标准设备原价。

(1) 国产标准设备原价。

可**批量**生产,符合国家质量检测标准设备。完善的设备交易市场,通过查询相关交易市场价格或向设备生产厂家询价得到。一般采用带有备件的原价。

(2) 国产非标准设备原价。

不能批量生产。采用**成本计算估价法**、系列设备插入估价法、分部组合估价法、定额估价法等方法确定。按成本计算估价法,非标准设备的原价由以下各项组成。

① 材料费。

$$材料费=材料净重×(1+加工损耗系数)×每吨材料综合价$$

② 加工费。

③ 辅助材料费(简称辅材费)。

④ 专用工具费。按①~③项之和乘以一定百分比计算。
⑤ 废品损失费。按①~④项之和乘以一定百分比计算。
⑥ 外购配套件费。
⑦ 包装费。按以上①~⑥项之和乘以一定百分比计算。
⑧ 利润。可按①~⑤项加第⑦项之和乘以一定百分比计算。
⑨ 非标准设备设计费。
⑩ 增值税。计算公式为

增值税=当期销项税额-进项税额

当期销项税额=不含税销售额×适用增值税率

不含税销售额为①~⑨项之和。

单台非标准设备原价={[(材料费+加工费+辅助材料费)×(1+专用工具费率)×(1+废品损失费率)+外购配套件费]×(1+包装费率)-外购配套件费}×(1+利润率)+外购配套件费+非标准设备设计费+增值税

应验实践

【例题1·单选】国内生产某台非标准设备需材料费18万元,加工费2万元,专用工具费费率5%,设备损失费费率10%,包装费0.4万元,利润率为10%,用成本计算估价法计得该设备的利润是( )万元。

A. 2.00　　　　B. 2.10　　　　C. 2.31　　　　D. 2.35

【答案】D

【解析】本题考查的是设备及工器具购置费。专用工具费=(18+2)×5%=1(万元),废品损失费=(18+2+1)×10%=2.1(万元),该设备的利润=(材料费+加工费+辅助材料费+专用工具费+废品损失费+包装费)×利润率=(18+2+1+2.1+0.4)×10%=2.35(万元)。

【例题2·单选】采用成本计算估价法计算非标准设备原价时,下列表述中正确的是( )。

A. 专用工具费=(材料费+加工费)×专用工具费率
B. 加工费=设备总重量×(1+加工损耗系数)×设备每吨加工费
C. 包装费的计算基数中不应包含废品损失费
D. 利润的计算基数中不应包含外购配套件费

【答案】D

【解析】本题考查的是设备及工器具购置费。专用工具费=(材料费+加工费+辅助材料费)×专用工具费率;加工费=设备总重量(t)×设备每吨加工费;包装费=(材料费+加工费+辅助材料费+专用工具费+废品损失费+外购配套件费)×包装费率;利润=(材料费+加工费+辅助材料费+专用工具费+废品损失费+包装费)×利润率。

【例题3·单选】已知国内制造厂某非标准设备所用材料费、加工费、辅助材料费、专用工具费、废品损失费共20万元,外购配套件费3万元,非标准设备设计费1万元,包装费费率1%,利润率为8%。若其他费用不考虑,则该设备的原价为( )。

A. 25.82万元　　　　　　　　B. 25.85万元

C. 26.09 万元　　　　　　D. 29.09 万元

【答案】B

【解析】本题考查的是设备及工器具购置费。设备原价=[23×(1+1%)−3]×1.08+1+3=25.85(万元)。

【例题 4·单选】编制设计预算时，国产标准设备的原价一般选用(　　)。

A. 不含设备的出厂价

B. 设备制造厂的成本价

C. 带有备件的出厂价

D. 设备制造厂的出厂价加运杂费

【答案】C

【解析】国产标准设备一般按设备原价计算。在计算时，一般采用带有备件的原价。

【例题 5·单选】用成本计算估价法计算国产非标准设备原价时，需要考虑的费用项目是(　　)。

A. 特殊设备安全监督检查费

B. 供销部门手续费

C. 成品损失费及运输包装费

D. 外购配套件费

【答案】D

【解析】非标准设备原价有多种不同的计算方法，按成本计算估价法计算时，包括材料费、加工费、辅助材料费、专用工具费、废品损失费、外购配套件费、包装费、利润、非标准设备设计费、增值税。

考点二：进口设备原价的构成及计算

进口设备的原价是指进口设备的抵岸价，即设备抵达买方边境、港口或车站，缴纳完各种手续费、税费后形成的价格。

抵岸价通常由进口设备到岸价和进口从属费构成。

进口设备的原价=抵岸价=到岸价+进口从属费用

进口设备的到岸价，即抵达买方边境港口或边境车站的价格。

到岸价格作为关税的计征基数时，又称为关税完税价格。

(1) 进口设备的常用国际贸易术语有以下几个。

① **FOB**(Free On Board)，船上交货，意为装运港船上交货，也称为离岸价格。

"船上交货"是指卖方以在指定装运港将货物装上买方指定的船舶或通过取得已交付至船上货物的方式交货。货物灭失或损坏的风险在货物交到船上时转移，同时买方承担自那时起的一切费用。该术语仅用于海运或内河水运。

② **CFR**(Cost and Freight)，成本加运费，或称为运费在内价。

"成本加运费"是指卖方在船上交货或以取得已经交付的货物方式交货。货物灭失或损坏的风险在货物交到船上时转移。卖方必须签订合同，并支付必要的成本和运费，将货物运至指定的目的港。该术语仅用于海运或内河水运。

③ **CIF**(Cost Insurance and Freight)，成本、保险费加运费，习惯上称为到岸价格，是实际工程中采用较多的价格类型。

"成本、保险费加运费"是指卖方在船上交货或以取得已经这样交付的货物方式交货。货物灭失或损坏的风险在货物交到船上时转移。卖方必须签订合同,并支付必要的成本和运费,以及将货物运至指定的目的港。该术语仅用于海运或内河水运。

上述 3 个术语中买卖双方分别承担的主要责任和义务见下表。

类 型	运 输	保 险	出口手续	进口手续	风险转移	交货地点
FOB	买方	买方	卖方	买方	装港货物置于船上	装运港船上
CFR	卖方	买方	卖方	买方	装港货物置于船上	装运港船上
CIF	卖方	卖方	卖方	买方	装港货物置于船上	装运港船上

应验实践

【例题 1·单选】国际贸易双方约定费用划分与风险转移均以货物在装运港被装上指定船只时为分界点,该种交易价格称为( )。

A. 离岸价   B. 运费在内价
C. 到岸价   D. 抵岸价

【答案】A

【解析】本题考查的是设备及工器具购置费。FOB,船上交货,意为装运港船上交货,也称为离岸价格。"船上交货"是指卖方以在指定装运港将货物装上买方指定的船舶或通过取得已交付至船上货物的方式交货。货物灭失或损坏的风险在货物交到船上时转移。

【例题 2·多选】国际贸易中,CFR 交货方式下买方的基本义务有( )。

A. 负责租船订舱
B. 承担货物在装运港装上指定船只以后的一切风险
C. 承担运输途中因遭遇风险引起的额外费用
D. 在合同约定的装运港领受货物
E. 办理进口清关手续

非标准设备原价的计算.mp4

【答案】BCE

【解析】本题考查的是设备及工器具购置费。卖方负责租船订舱。买方应在合同约定的目的港领受货物。

(2) 进口设备到岸价的构成及计算。
① 到岸价。

进口设备到岸价(CIF)=离岸价(FOB)+国际运费+运输保险费
=运费在内价(CFR)+运输保险费

② 国际运费。从装运港(站)到达我国目的港(站)的运费。

国际运费=原币货价(FOB)×运费费率
=运量×单位运价

③ 运输保险费:

$$运输保险费 = \frac{原币货价(FOB)+国际运费}{1-保险费费率} \times 保险费费率$$

【本质】运输保险费=到岸价×保险费费率
【记忆】运输保险费的两种计算方法。
① 离岸价(FOB)，分母为"1-保险费费率"，分子是"FOB+国外运费"。
② 到岸价(CIF)，直接乘以费率。
(3) 进口从属费的构成及计算。
进口从属费=银行财务费用+外贸手续费+关税+消费税+进口环节增值税+车辆购置税
① 银行财务费，即
　　银行财务费=离岸价(FOB)×人民币外汇汇率×银行财务费费率
② 外贸手续费，即
　　外贸手续费=到岸价(CIF)×人民币外汇汇率×外贸手续费费率
③ 关税，即
　　关税=到岸价(CIF)×人民币外汇汇率×进口关税税率
④ 消费税，即
$$消费税 = \frac{到岸价格(FOB) \times 人民币外汇汇率 + 关税}{1 - 消费税税率} \times 消费税税率$$
⑤ 进口环节增值税，即
　　进口环节增值税=组成计税价格×增值税税率
　　组成计税价格=关税完税价格+关税+消费税
⑥ 车辆购置税，即
　　车辆购置税=组成计税价格×车辆购置税税率

应验实践

【例题1·单选】进口设备的原价是指进口设备的(　　)。
A. 到岸价　　　　　　　　B. 抵岸价
C. 离岸价　　　　　　　　D. 运费在内价
【答案】B
【解析】进口设备的原价是指进口设备的抵岸价，即设备抵达买方边境、港口或车站，缴纳完各种手续费、税费后形成的价格。抵岸价通常是由进口设备到岸价(CIF)和进口从属费构成。进口设备的到岸价，即抵达买方边境港口或边境车站的价格。

【例题2·单选】关于进口设备到岸价的构成及计算，下列公式中正确的是(　　)。
A. 到岸价=离岸价+运输保险费
B. 到岸价=离岸价+进口从属费
C. 到岸价=运费在内价+运输保险费
D. 到岸价=运费在内价+进口从属费
【答案】C
【解析】本题考查的是设备及工器具购置费。到岸价=离岸价格+国际运费+运输保险费=运费在内价+运输保险费。

【例题3·单选】某批进口设备离岸价为1000万元人民币，国际运费为100万元人民币,运输保险费费率为1%,则该批设备的到岸价应为( )万元人民币。

A. 1100.00　　　　　　　　　B. 1110.00
C. 1111.00　　　　　　　　　D. 1111.11

【答案】D

【解析】本题考查的是设备及工器具购置费。运输保险费=(1000+100)×1%/(1-1%)=11.11(万元),到岸价=离岸价格+国际运费+运输保险费=1000+100+11.11=1111.11(万元)。

【例题4·单选】某项目拟从国外进口一套设备,重1000t,装运港船上交货价300万美元,国际运费标准每吨360美元,海上运输保险费费率为0.266%。美元银行外汇牌价为6.1元人民币,则该套设备国外运输保险费为( )万美元。

A. 4.868　　　B. 4.881　　　C. 5.452　　　D. 5.467

【答案】D

【解析】国外运输保险费=[(离岸价+国外运费)/(1-国外运输保险费费率)]×国外运输保险费费率=(3000000+360×1000)÷(1-0.266%)×0.266%×6.1=54670(元)=5.467(万美元)。

【例题5·多选】下列费用项目中,以"到岸价+关税+消费税"为基数,乘以各自给定费(税)率进行计算的有( )。

A. 外贸手续费　　　B. 关税　　　C. 银行财务费
D. 增值税　　　　　E. 车辆购置税

【答案】DE

【解析】在进口设备从属费中,进口环节增值税和进口车辆购置税都是以"到岸价+关税+消费税"为基数进行计算。

【例题6·多选】构成进口设备原价的费用构成中,应以到岸价为计算基数的有( )。

A. 国际运费　　　B. 进口环节增值税　　　C. 银行财务费
D. 外贸手续费　　E. 进口关税

【答案】DE

【解析】本题考查的是设备及工器具购置费。选项A错误,国际运费计算基数是离岸价格FOB;选项B错误,进口环节增值税的计算基数是关税完税价格+关税+消费税;选项C错误,银行财务费的计算基数是离岸价格FOB。

【例题7·单选】某进口设备到岸价为1500万元,银行财务费和外贸手续费合计36万元,关税300万元,消费税和增值税税率分别为10%、17%,则该进口设备原价为( )万元。

A. 2386.8　　　B. 2376.0　　　C. 2362.9　　　D. 2352.6

【答案】B

【解析】本题考查的是设备及工器具购置费。消费税=(1500+300)×10%/(1-10%)=200(万元),增值税=(1500+300+200)×17%=340(万元)。进口设备原价=1500+36+300+200+340=2376(万元)。

【例题8·多选】计算设备进口环节增值税时,作为计算基数的计税价格包括( )。

A. 外贸手续费　　　B. 到岸价　　　C. 设备运杂费
D. 关税　　　　　　E. 消费税

【答案】BDE

【解析】本题考查的是设备及工器具购置费。进口环节增值税额=组成计税价格×增值税税率，组成计税价格=关税完税价格+关税+消费税，关税完税价格即到岸价。

考点三：设备运杂费的构成及计算

(1) 设备运杂费的构成。

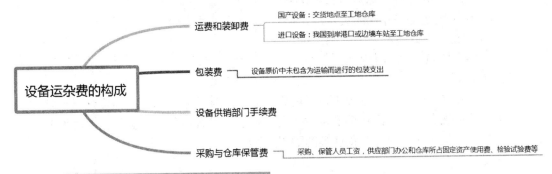

(2) 设备运杂费=设备原价×运杂费费率。

【例题·多选】下列费用中应计入设备运杂费的有(　　)。
A. 设备保管人员的工资
B. 设备采购人员的工资
C. 设备自生产厂家运至工地仓库的运费、装卸费
D. 运输中的设备包装支出
E. 设备仓库所占用的固定资产使用费

【答案】ABDE

【解析】本题考查的是设备及工器具购置费。设备运杂费包括运费和装卸费、包装费、设备供销部门的手续费、采购与仓库保管费。采购与仓库保管费指采购、验收、保管和收发设备所发生的各种费用，包括设备采购人员、保管人员和管理人员的工资、工资附加费、办公费、差旅交通费以及设备供应部门办公和仓库所占固定资产使用费、工具用具使用费、劳动保护费、检验试验费等可按主管部门规定的采购与保管费费率计算的费用。

二、工器具及生产家具购置费

考点速览

考点一：概念
保证初期正常生产必须购置的没有达到固定资产标准的设备、仪器、工卡模具、生产家具和备品备件等的购置费。

考点二：计算
工器具及生产家具购置费=设备购置费×定额费费率

【例题·单选】下列费用项目中，属于工器具及生产家具购置费计算内容的是( )。
　　A. 未达到固定资产标准的设备购置费
　　B. 达到固定资产标准的设备购置费
　　C. 引进设备时备品备件的测绘费
　　D. 引进设备的专利使用费
【答案】A
【解析】本题考查的是设备及工器具购置费。工器具及生产家具购置费是指新建或改建项目初步设计规定的，保证初期正常生产必须购置的没有达到固定资产标准的设备、仪器、工卡模具、生产家具和备品备件等的购置费用。

第五节　工程建设其他费用

```
                          ┌── 建设用地费
工程建设其他费用 ─────────┼── 与项目建设有关的其他费用
                          └── 与未来生产经营有关的其他费用
```

一、建设用地费

考点速览

1. 建设用地取得的基本方式

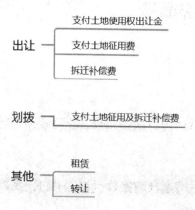

考点一：通过出让方式获取国有土地使用权
(1) 土地使用权出让的最高年限。
① 居住用地 70 年。
② 商业、旅游、娱乐用地 40 年。
③ 其他(工业、教育、科技等)都是 50 年。
(2) 土地使用权出让方式。
① 竞争性：招标、拍卖、挂牌。工业、商业、旅游、娱乐和商品住宅等；同一宗地有两个以上意向用地者，也应采用此方式。
② 协议出让：出让金不得低于按国家规定所确定的最低价。

考点二：通过划拨方式获取国有土地使用权
可以通过划拨方式取得土地使用权的情况如下。
① 国家机关用地和军事用地。
② 城市基础设施用地和公益事业用地。
③ 国家重点扶持的能源、交通、水利等基础设施用地。
④ 法律、行政法规规定的其他用地。
除另有规定外，没有使用期限的限制。

2. 建设用地取得的费用

建设用地如通过行政划拨方式取得，则须承担征地补偿费用或对原用地单位或个人的拆迁补偿费用；若通过市场机制取得，则不但承担以上费用，还须向土地所有者支付有偿使用费，即土地出让金。

考点一：征地补偿费
内容主要包括土地补偿费、青苗补偿费和地上附着物补偿费、安置补助费、新菜地开发建设基金、耕地占用税及土地管理费等。其中，土地补偿费归农村集体经济组织所有。

考点二：拆迁补偿费用
在城市规划区内国有土地上实施房屋拆迁，拆迁人应当对被拆迁人给予补偿、安置。

考点三：出让金、土地转让金
土地使用权出让金为用地单位向国家支付的土地所有权收益。

应验实践

【例题 1·单选】建设单位通过市场机制取得建设用地，不仅应承担征地补偿费用、拆迁补偿费用，还须向土地所有者支付(　　)。
　　A. 安置补助费　　　　　B. 土地出让金
　　C. 青苗补偿费　　　　　D. 土地管理费
【答案】B
【解析】本题考查的是工程建设其他费用。建设用地如通过行政划拨方式取得，则须承担征地补偿费用或对原用地单位或个人的拆迁补偿费用；若通过市场机制取得，则不但承担以上费用，还须向土地所有者支付有偿使用费，即土地出让金。

【例题2·单选】下列与建设用地有关的费用中,归农村集体经济组织所有的是( )。
  A. 土地补偿费   B. 青苗补偿费
  C. 拆迁补偿费   D. 新菜地开发建设基金

【答案】A

【解析】本题考查的是工程建设其他费用。土地补偿费是对农村集体经济组织因土地被征用而造成的经济损失的一种补偿。土地补偿费归农村集体经济组织所有。

【例题3·单选】关于征地补偿费用,下列表述中正确的是( )。
  A. 地上附着物补偿应根据协调征地方案前地上附着物的实际情况确定
  B. 土地补偿费和安置补偿费的总和不得超过土地被征用前三年平均年产值的15倍
  C. 征用未开发的规划菜地按一年只种一茬的标准缴纳新菜地开发建设基金
  D. 征收耕地占用税时,对于占用前三年曾用于种植农作物的土地不得视为耕地

【答案】A

【解析】本题考查的是工程建设其他费用。B 选项,土地补偿费和安置补助费不能使安置的农民保持原有生活水平的,可增加安置补助费。但土地补偿费和安置补助费的总和不得超过土地被征收前三年平均年产值的 30 倍。C 选项,一年只种一茬或因调整茬口安排种植蔬菜的不作为开发基金。D 选项,占用前三年曾用于种植农作物的土地也视为耕地。

二、与项目建设有关的其他费用

考点速览

与项目建设有关的其他费用**包括**建设管理费、可行性研究费、研究试验费、勘察费、设计费、专项评价费、场地准备及临时设施费、工程保险费、特殊设备安全监督检验费、市政公用设施费。

考点一:建设管理费

(1) 建设单位管理费,即

$$建设单位管理费=工程费用\times建设单位管理费费率$$

(2) 工程监理费。

如建设单位采用工程总承包方式,其总包管理费由建设单位与**总包单位**根据总包工作范围在合同中商定,从建设管理费中支出。此项费用实行市场调节价。

考点二:可行性研究费

投资决策阶段,依据调研报告对有关建设方案、技术方案或生产经营方案进行技术经济论证、编制和评审可研报告所需的费用。此项费用实行市场调节价。

考点三:研究试验费

研究试验费是指为建设项目提供或验证**设计**数据、资料等进行必要的研究试验及按照相关规定在建设过程中必须进行试验、验证所需的费用,包括自行或委托其他部门研究试验所需人工费、材料费、试验设备及仪器使用费等。

这项费用按照设计单位根据本工程项目的需要提出的研究试验内容和要求计算。在计算时要注意不应包括以下项目。

(1) 应由科技三项费用(即新产品试制费、中间试验费和重要科学研究补助费)开支的项目。

(2) 应在建筑安装费用中列支的施工企业对建筑材料、构件和建筑物进行一般鉴定、检查所发生的费用及技术革新的研究试验费。

(3) 应由勘察设计费或工程费用中开支的项目。

考点四：勘察费

实行市场调节价。

考点五：设计费

实行市场调节价。

考点六：专项评价费

专项评价费包括环境影响评价费、安全预评价费、职业病危害预评价费、地震安全性评价费、地质灾害危险性评价费、水土保持评价费、压覆矿产资源评价费、节能评估费、危险与可操作性分析及安全完整性评价费以及其他专项评价费。实行市场调节价。

考点七：场地准备及临时设施费

(1) 场地准备及临时设施费的内容。

① 场地准备费是指为使工程项目的建设场地达到开工条件，由建设单位组织进行的场地平整等准备工作而发生的费用。

② 临时设施费是指建设单位为满足施工建设需要而提供的未列入工程费用的临时水、电、路、信、气、热等工程和临时仓库等建(构)筑物的建设、维修、拆除、摊销费用或租赁费用以及货场、码头租赁等费用。

(2) 场地准备及临时设施费的计算。

① 应尽量与永久性工程统一考虑。建设场地的大型土石方工程应计入工程费用中的总图运输费用中。

② 新建项目的场地准备和临时设施费应根据实际工程量估算，或按工程费用的比例计算。改扩建项目一般只计拆除清理费。

$$场地准备和临时设施费 = 工程费用 \times 费率 + 拆除清理费$$

③ 发生拆除清理费时可按新建同类工程造价或主材费、设备费的比例计算。凡可回收材料的拆除工程采用以料抵工方式冲抵拆除清理费。

④ 此项费用不包括已列入建筑安装工程费用中的施工单位临时设施费用。

考点八：工程保险费

其包括建筑安装工程一切险、工程质量保险、引进设备财产保险和人身意外伤害险等。

考点九：特殊设备安全监督检验费

安全监察部门对在施工现场组装的锅炉及压力容器、压力管道、消防设备、燃气设备、电梯等特殊设备和设施实施安全检验收取的费用。按省、市、自治区安全监察部门的规定标准计算，无规定的，可按受检设备现场安装费的比例计算。

考点十：市政公用设施费

市政公用配套设施可以是界区外配套的水、电、路、信等，包括绿化、人防等缴纳的费用。

此项费用按工程所在地人民政府规定标准计列。

 应验实践

【例题1·多选】 下列与项目建设有关的其他费用中,属于建设管理费的有( )。
A. 建设单位管理费
B. 引进技术和引进设备其他费
C. 工程监理费
D. 场地准备费
E. 工程总承包管理费

【答案】ACE

【解析】本题考查的是工程建设其他费用。建设管理费的内容包括建设单位管理费、工程监理费、工程总承包管理费。

【例题2·单选】 采用工程总承包方式发包的工程,其工程总承包管理费应从( )中支出。
A. 建设管理费
B. 建设单位管理费
C. 建筑安装工程费
D. 基本预备费

【答案】A

【解析】建设单位采用工程总承包方式,其总包管理费由建设单位与总包单位根据总包工程范围在合同中商定,从建设管理费中支出。

【例题3·单选】 下列费用项目中,应在研究试验费中列支的是( )。
A. 为验证设计数据而进行必要的研究试验所需的费用
B. 新产品试验费
C. 施工企业技术革新的研究试验费
D. 设计模型制作费

【答案】A

【解析】本题考查的是工程建设其他费用。研究试验费不包括以下项目:①应由科技三项费用(即新产品试制费、中间试验费和重要科学研究补助费)开支的项目;②应在建筑安装费用中列支的施工企业对建筑材料、构件和建筑物进行一般鉴定、检查所发生的费用及技术革新的研究试验费;③应由勘察设计费或工程费用中开支的项目。

【例题4·单选】 关于建设项目场地准备和建设单位临时设施费的计算,下列说法正确的是( )。
A. 改扩建项目一般应计工程费用和拆除清理费
B. 凡可回收材料的拆除工程应采用以料抵工方式冲抵拆除清理费
C. 新建项目应根据实际工程量计算,不按工程费用的比例计算
D. 新建项目应按工程费用比例计算,不根据实际工程量计算

【答案】B

【解析】本题考查的是工程建设其他费用。选项A错误,改扩建项目一般只计拆除清理费。选项C、D错误,新建项目的场地准备和临时设施费应根据实际工程量估算,或按工程费用的比例计算。

【例题5·单选】 下列费用中,不属于工程建设其他费用中工程保险费的是( )。
A. 建筑安装工程一切险保费
B. 引进设备财产保险费
C. 工伤保险费
D. 人身意外伤害险保费

【答案】C

【解析】本题考查的是工程建设其他费用。工伤保险费属于规费。工程保险费包含建筑安装工程一切险、引进设备财产保险和人身意外伤害险等。

【例题6·多选】下列费用中，属于"与项目建设有关的其他建设费用"的有(　　)。

A. 建设单位管理费　　　　　　B. 工程监理费

C. 建设单位临时设施费　　　　D. 施工单位临时设施费

E. 市政公用设施费

【答案】ABCE

【解析】本题考查的是工程建设其他费用。建设管理费是指建设单位为组织完成工程项目建设，在建设期内发生的各类管理性费用。此项费用不包括已列入建筑安装工程费用中的施工单位临时设施费用。

三、与未来生产经营有关的其他费用

考点速览

考点一：联合试运转费

联合试运转费是指新建或新增加生产能力的工程项目，在交付生产前按照设计文件规定的工程质量标准和技术要求，对整个生产线或装置进行负荷联合试运转所发生的费用净支出(试运转支出大于收入的差额部分费用)。

试运转支出包括试运转所需原材料、燃料及动力消耗、低值易耗品、其他物料消耗、工具用具使用费、机械使用费、保险费、施工单位参加试运转人员工资以及专家指导费等(人、材、机)。

试运转收入包括试运转期间的产品销售收入和其他收入。

联合试运转费不包括应由设备安装工程费用开支的调试及试车费用以及在试运转中暴露出来的因施工原因或设备缺陷等发生的处理费用。

考点二：专利及专有技术使用费

(1) 主要内容。

① 国外设计及技术资料费、引进有效专利、专有技术使用费和技术保密费。

② 国内有效专利、专有技术使用费。

③ 商标权、商誉和特许经营权费等。

(2) 专利及专有技术使用费计列原则。

① 按专利使用许可协议和专有技术使用合同的规定计列。

② 专有技术的界定应以省、部级鉴定的批准为依据。

③ 专利及专有技术费，项目投资中只计算建设期支付的此费用；生产期支付的应在生产成本中核算。

④ 商标权、商誉及特许经营权费，一次性支付按协议或合同计列。协议或合同中规定在生产期支付的，在生产成本中核算。

⑤ 为项目配套的专用设施投资，包括专用铁路、公路、专用通信设施等，由建设单位投资但无产权的，作无形资产处理。

考点三：生产准备费

① 人员培训费及提前进厂费(自行和委托)。
② 为保证初期正常生产(或营业、使用)所必需的办公、生活家具用具购置费。

$$生产准备费=设计定员×生产准备费指标(元/人)$$

【例题1·单选】关于联合试运转费，下列说法中正确的是(　　)。
  A. 包括对整个生产线或装置运行无负荷和有负荷试运转所发生的费用
  B. 包括施工单位参加试运转人员的工资及专家指导费
  C. 包括试运转中暴露的因设备缺陷发生的处理费用
  D. 包括对单台设备进行单机试运转工作的调试费

【答案】B

【解析】联合试运转费是试运转支出大于收入的差额部分费用，其中试运转支出包括试运转所需原材料、燃料及动力消耗、低值易耗品、其他物料消耗、工具用具使用费、机械使用费、保险费、施工单位参加试运转人员工资以及专家指导费等。

【例题2·单选】下列费用项目中，属于联合试运转费中试运转支出的是(　　)。
  A. 施工单位参加试运转人员的工资
  B. 单台设备的单机试运转费
  C. 试运转中暴露出来的施工缺陷处理费用
  D. 试运转中暴露出来的设备缺陷处理费用

【答案】A

【解析】试运转支出包括试运转所需原材料、燃料及动力消耗、低值易耗品、其他物料消耗、工具用具使用费、机械使用费、保险费、施工单位参加试运转人员工资以及专家指导费等；试运转收入包括试运转期间的产品销售收入和其他收入。联合试运转费不包括应由设备安装工程费用开支的调试及试车费用，以及在试运转中暴露出来的因施工原因或设备缺陷等发生的处理费用。

【例题3·单选】下列费用项目中，计入工程建设其他费中专利及专有技术使用费的是(　　)。
  A. 专利及专有技术在项目全生命周期的使用费
  B. 在生产期支付的商标权费
  C. 国内设计资料费
  D. 国外设计资料费

【答案】D

【解析】本题考查的是工程建设其他费用。专利及专有技术使用费的主要内容：①国外设计及技术资料费、引进有效专利、专有技术使用费和技术保密费；②国内有效专利、专有技术使用费；③商标权、商誉和特许经营权费等。

【例题4·单选】关于生产准备及开办费，下列说法中正确的有( )。
A. 只包括自行组织培训的相关费用
B. 包括正常生产所需的生产办公家具用具的购置费用
C. 包括正常生活所需的生活家具用具的购置费用
E. 可按设计定员乘以人均生产准备费指标计算

【答案】B

【解析】本题考查的是工程建设其他费用。生产准备及开办费的内容包括：①人员培训费及提前进厂费，包括自行组织培训或委托其他单位培训的人员工资、工资性补贴、职工福利费、差旅交通费、劳动保护费、学习资料费等；②为保证初期正常生产(或营业、使用)所必需的生产办公、生活家具用具购置费；③为保证初期正常生产(或营业、使用)必需的生产工具、器具、用具购置费。不包括备品备件费。新建项目按设计定员为基数计算，改扩建项目按新增设计定员为基数计算。

第六节　预备费和建设期利息

知识图谱

```
预备费和建设期利息 ┬ 预备费
                   └ 建设期利息
```

一、预备费

考点速览

考点一：基本预备费
(1) 概念。
基本预备费指投资估算或设计概算阶段预留的，由于工程实施中不可预见的工程变更及洽商、一般自然灾害处理、地下障碍物处理、超规超限设备运输等可能增加的费用，也可称为不可预见费。

(2) 组成。
① 在批准的基础设计和概算范围内增加的设计变更、局部地基处理等费用。
② 一般自然灾害的损失及预防费用(实行保险的，可适当降低)。
③ 竣工验收时为鉴定工程质量，对隐蔽工程进行必要的挖掘和修复的费用。
④ 超规超限设备运输过程中可能增加的费用。

计算方式为

基本预备费=(工程费用+工程建设其他费用)×基本预备费率

考点二：价差预备费

价差预备费是指为在建设期间内利率、汇率或价格等因素的变化而预留的可能增加的费用。

费用内容包括人工、设备、材料、施工机械的价差费，建筑安装工程费及工程建设其他费用调整，利率、汇率调整等增加的费用。

价差预备费的测算方法，一般根据国家规定的投资综合价格指数，按估算年份价格水平的投资额为基数，根据价格变动趋势，预测价值上涨率，采用复利方法计算。

联合试运转费.mp4

应验实践

【例题1·单选】在建设工程项目总投资组成中的基本预备费主要是为(　　)。
  A. 建设期内材料价格上涨增加的费用
  B. 因施工质量不合格返工增加的费用
  C. 设计变更增加工程量的费用
  D. 因业主方拖欠工程款增加的承包商贷款利息

【答案】C

【解析】基本预备费又称为不可预见费。主要指设计变更及施工过程中可能增加工程量的费用。

【例题2·单选】某建设项目建筑安装工程费为6000万元，设备购置费为1000万元，工程建设其他费用为2000万元，建设期利息为500万元。若基本预备费费率为5%，则该建设项目的基本预备费为(　　)万元。
  A. 350　　　　B. 400　　　　C. 450　　　　D. 475

【答案】C

【解析】本题考查的是预备费和建设期利息。基本预备费=(工程费用+工程建设其他费用)×基本预备费费率=(6000+1000+2000)×5%=450(万元)。

【例题3·单选】在我国建设项目投资构成中，超规超限设备运输增加的费用属于(　　)。
  A. 设备及工器具购置费
  B. 基本预备费
  C. 工程建设其他费
  D. 建筑安装工程费

【答案】B

【解析】本题考查的是预备费和建设期利息。超规超限设备运输增加的费用属于基本预备费。

【例题4·单选】预备费包括基本预备费和价差预备费，其中价差预备费的计算应是(　　)。
  A. 以编制年份的静态投资额为基数，采用单利方法
  B. 以编制年份的静态投资额为基数，采用复利方法
  C. 以估算年份价格水平的投资额为基数，采用单利方法
  D. 以估算年份价格水平的投资额为基数，采用复利方法

【答案】D

【解析】本题考查的是预备费和建设期利息。价差预备费按估算年份价格水平的投资额为基数，采用复利方法计算。

二、建设期利息

考点速览

建设期利息是指建设期内发生的为工程项目筹措资金的融资费用及债务资金利息。

债务资金包括向国内银行和其他非银行金融机构贷款、出口信贷、外国政府贷款、国际商业银行贷款以及在境内外发行的债券等。

融资费用和应计入固定资产原值的利息包括借款(或债券)利息及手续费、承诺费、管理费等。建设期利息要计入固定资产原值。

国外贷款利息的计算，年利率应综合考虑以下两点。

① 银行按照贷款协议向贷款方加收的手续费、管理费、承诺费。
② 国内代理机构向贷款方收取的转贷费、担保费、管理费等。

应验实践

【例题1·单选】关于建设期利息的说法，正确的是( )。
　　A. 建设期利息包括国际商业银行贷款在建设期间应计的借款利息
　　B. 建设期利息包括在境内发行的债券在建设期后支付的借款利息
　　C. 建设期利息不包括国外贷款银行以年利率方式收取的各种管理费
　　D. 建设期利息不包括国内代理机构以年利率方式收取的转贷费和担保费

【答案】A

【解析】建设期利息主要是指在建设期内发生的为工程项目筹措资金的融资费用及债务资金利息。利用国外贷款的利息计算中，年利率应综合考虑贷款协议中向贷款方加收的手续费、管理费、承诺费，以及国内代理机构向贷款方收取的转贷费、担保费和管理费等。

【例题2·单选】根据我国现行建设项目投资构成，下列费用项目中属于建设期利息包含内容的是( )。
　　A. 建设单位建设期后发生的利息
　　B. 施工单位建设期长期贷款利息
　　C. 国内代理机构收取的贷款管理费
　　D. 国外贷款机构收取的转贷费

【答案】C

【解析】本题考查的是预备费和建设期利息。国外贷款利息的计算中，还应包括国外贷款银行根据贷款协议向贷款方以年利率的方式收取的手续费、管理费、承诺费，以及国内代理机构经国家主管部门批准的以年利率的方式向贷款单位收取的转贷费、担保费、管理费等。

第四章

工程计价方法及依据

章节导学

工程计价方法及依据
- 工程计价方法
- 工程计价依据的分类
- 预算定额、概算定额、概算指标、投资估算指标和造价指标
- 人工、材料、机具台班消耗量定额
- 人工、材料、机具台班单价及定额基价
- 建筑安装工程费用定额
- 工程造价信息及应用

预备费.mp4

第一节 工程计价方法

知识图谱

工程计价方法
- 工程计价的基本方法
- 工程定额计价
- 工程量清单计价

一、工程计价的基本方法

考点速览

考点：工程计价的基本方法

从工程费用计算角度分析，**工程计价的顺序**是：分部分项工程造价→单位工程造价→

单项工程造价→建设项目总造价。

影响工程造价的主要因素有两个,即单位价格和实物工程数量,可用下列基本计算式表达,即

$$工程造价=\sum_{i=1}^{n}(工程量\times单位价格)_i$$

工程子项的单位价格高,工程造价就高;工程子项的实物工程数量大,工程造价也就大。对工程子项的单位价格分析,可以有两种形式,分别是工料单价法和综合单价法。

(1) 工料单价。

如果工程项目单位价格仅仅考虑人工、材料、施工机具资源要素的消耗量和价格形成,资源要素的价格是影响工程造价的关键因素。

在市场经济体制下,工程计价时采用的资源要素的价格应该是市场价格。

(2) 综合单价。

综合单价主要适用于工程量清单计价。

我国现行的工程量清单计价的综合单价为非完全综合单价。

综合单价由完成工程量清单中一个规定计量单位项目所需的人工费、材料费、施工机具使用费、管理费和利润,以及一定范围的风险费用组成。

建设期利息.mp4

工程计价包括工程定额计价和工程量清单计价,一般来说,工程定额主要用于国有资金投资工程编制投资估算、设计概算、施工图预算和最高投标限价,对于非国有资金投资工程,在项目建设前期和交易阶段,工程定额可以作为计价的辅助依据。

工程量清单主要用于建设工程发承包及实施阶段,工程量清单计价用于合同价格形成以及后续的合同价款管理。

应验实践

【例题1·单选】关于工程造价的分部组合计价原理,下列说法正确的是(   )。
    A. 分部分项工程费=基本构造单元工程量×工料单价
    B. 工料单价指人工、材料和施工机械台班单价
    C. 基本构造单元是由分部工程适当组合形成
    D. 工程总价是按规定程序和方法逐级汇总形成的工程造价

【答案】D

【解析】分部分项工程费=基本构造单元工程量×相应单价,A错误;工料单价仅包括人工、材料、施工机具使用费用,是各种人工消耗量、各种材料消耗量、各类施工机具台班消耗量与其相应单价的乘积,B错误;基本构造单元是由分项工程分解或适当组合形成,C错误。

【例题2·单选】影响工程造价计价的两个主要因素是(   )。
    A. 单位价格和实物工程量
    B. 单位价格和单位消耗量
    C. 资源市场单价和单位消耗量

D. 资源市场单价和措施项目工程量

【答案】A

【解析】影响工程造价的主要因素有两个，即单位价格和实物工程数量。

【例题 3·单选】根据我国建设市场发展现状，工程量清单计价和计量规范主要适用于( )。

  A. 项目建设前期各阶段工程造价的估计
  B. 项目初步设计阶段概算的预测
  C. 项目施工图设计阶段预算的预测
  D. 项目合同价格的形成和后续合同价款的管理

【答案】D

【解析】本题考查的是工程计价方法。工程量清单主要用于建设工程发承包及实施阶段，工程量清单计价用于合同价格形成以及后续的合同价款管理。

【例题 4·单选】分部分项工程项目综合单价组成不包括( )。

  A. 人工费　　　B. 材料费　　　C. 管理费　　　D. 税金

【答案】D

【解析】分部分项工程项目综合单价由人工费、材料费、机械费、管理费和利润组成，并考虑风险因素。

二、工程定额计价

1. 工程定额的原理和作用

考点一：工程定额的原理

工程定额是指在正常施工条件下完成规定计量单位的合格建筑安装工程所消耗的人工、材料、施工机具台班、工期天数及相关费率等的数量标准。

工程定额按照不同用途，可以分为施工定额、预算定额、概算定额、概算指标和投资估算指标等。

按编制单位和执行范围的不同，可以分为全国统一定额、行业定额、地区统一定额、企业定额、补充定额。

【例题·多选】按工程定额的用途，建设工程定额可划分为( )。

  A. 施工定额　　　　　　　　B. 企业定额
  C. 预算定额　　　　　　　　D. 补充定额
  E. 投资估算指标

【答案】ACE

【解析】工程定额按照不同用途，可以分为施工定额、预算定额、概算定额、概算指标和投资估算指标等。

考点二：工程定额的作用，各种定额间关系的比较见下表。

定 额	施工定额	预算定额	概算定额	概算指标	投资估算指标
对象	施工过程或基本工序	分项工程或结构构件	扩大的分项工程或扩大的结构构件	单位工程	建设项目、单项工程、单位工程
用途	编制施工预算	编制施工图预算	编制扩大初步设计概算	编制初步设计概算	编制投资估算
项目划分	最细	细	较粗	粗	很粗
定额水平	平均先进	平均			
定额性质	生产性定额	计价性定额			

【例题1·单选】在下列各种定额中，以工序为研究对象的是( )。

A. 概算定额 B. 施工定额
C. 预算定额 D. 投资估算指标

工料单价和综合单价.mp4

【答案】B

【解析】施工定额是指完成一定计量单位的某一施工过程，或基本工序所需消耗的人工、材料和施工机具台班数量标准。施工定额是施工企业成本管理和工料计划的重要依据。

【例题2·多选】关于投资估算指标，下列说法中正确的有( )。

A. 应以单项工程为编制对象
B. 是反映建设总投资及其各项费用的经济指标
C. 投资估算指标是一种计价定额
D. 投资估算指标主要用于编制投资估算
E. 投资估算指标只能反映建设项目、单项工程、单位工程的相应费用指标

【答案】BCD

【解析】投资估算指标是以建设项目、单项工程、单位工程为对象，反映建设总投资及其各项费用构成的经济指标，故选项A错误。是反映其建设总投资及其各项费用构成的经济指标，故选项B正确。投资估算指标也是一种计价定额，故选项C正确。投资估算指标主要用于编制投资估算，故选项D正确。基本反映建设项目、单项工程、单位工程的相应费用指标，也可以反映其人、材、机消耗量，包括建设项目综合估算指标、单项工程估算指标和单位工程估算指标，故选项E错误。

【例题3·单选】下列定额中，项目划分最细的计价定额是( )。

A. 材料消耗定额 B. 劳动定额
C. 预算定额 D. 概算定额

【答案】C

【解析】项目划分最细的计价定额是预算定额。

2. 工程定额计价的程序

收集资料→熟悉图纸和现场→计算工程量→套定额单价→编制工料分析表→费用计算→复核→编制说明。

考点一：第一阶段 收集资料
资料包括以下内容。
① 设计图纸。
② 现行工程计价依据。
③ 工程协议或合同。
④ 施工组织设计。

考点二：第二阶段 熟悉图纸和现场
① 熟悉图纸。
② 注意施工组织设计有关内容。
③ 了解必要的现场实际情况。

考点三：第三阶段 计算工程量
① 根据设计图纸的工程内容和定额项目，列出需计算工程量的分部分项项目。
② 根据一定的计算顺序和计算规则，图纸所标明的尺寸、数量以及附有的设备明细表、构件明细表有关数据，列出计算式，计算工程量。
③ 汇总。

考点四：第四阶段 套定额单价
① 分项工程名称、规格和计算单位必须与定额中所列内容完全一致，即在定额中找出与之相适应的项目编号，查出该项工程的单价。
② 定额换算。定额换算以某分项定额为基础进行局部调整，如材料品种改变、混凝土和砂浆强度等级与定额规定不同、使用的施工机具种类型号不同及原定额工日需增加的系数等。
③ 补充定额编制。既不能直接套用也不能换算，调整时必须编制补充定额。

考点五：第五阶段 编制工料分析表
根据各分部分项工程的实物工程量和相应定额中的项目所列的用工工日及材料数量，计算出各分部分项工程所需的人工及材料数量，相加汇总便得出该单位工程所需要的各类人工和材料的数量。

考点六：第六阶段 费用计算
在项目、工程量、单价经复查无误后，将所列项工程实物量全部计算出来后，就可以按所套用的相应定额单价计算人、材、机费，进而计算企业管理费、利润、规费及增值税等各种费用，并汇总得出工程造价。

考点七：第七阶段 复核
对工程量计算公式和结果、套价、各项费用的取费及计算基础和计算结果、材料和人工价格及其价格调整等方面是否正确进行全面复核。

考点八：第八阶段 编制说明
编制说明是说明工程计价的有关情况。

【例题·单选】工程定额计价的主要程序有：①计算工程量；②套用定额单价；③费用计算；④复核；⑤熟悉施工图纸和现场。正确的步骤是(　　)。

A. ④⑤①②③ 　　　　　　　　　B. ⑤①④②③
C. ⑤②①④③ 　　　　　　　　　D. ⑤①②③④

【答案】 D

【解析】 定额单价法编制施工图预算的基本步骤如下。

第一阶段：收集资料；第二阶段：熟悉图纸和现场；第三阶段：计算工程量；第四阶段：套定额单价；第五阶段：编制工料分析表；第六阶段：费用计算；第七阶段：复核；第八阶段：编制说明。

三、工程量清单计价

1. 工程量清单的原理和作用

考点一：工程量清单的原理

综合单价是指完成一个规定清单项目所需的==人工费、材料费和工程设备费、施工机具使用费和企业管理费、利润==以及一定范围内的风险费用。

风险费用是隐含于已标价工程量清单综合单价中，用于化解发承包双方在工程合同中约定的风险内容和范围的费用。

工程量清单计价活动涵盖施工招标、合同管理以及竣工交付全过程，主要包括==编制招标工程量清单、招标控制价、投标报价，确定合同价，工程计量与价款支付、合同价款的调整、工程结算和工程计价纠纷处理==等活动。

考点二：工程量清单的作用

① 提供一个平等的竞争条件。
② 满足市场经济条件下竞争的需要。
③ 有利于工程款的拨付和工程造价的最终结算。
④ 有利于招标人对投资的控制。

2. 工程量清单计价的程序

工程量清单计价的程序与工程定额计价基本一致。只是在第四至第六阶段有所不同。

考点一：工程量清单项目组价，形成综合单价分析表。

一个工程量清单项目由一个或几个定额子目组成，将各定额子目的综合单价汇总累加，再除以该清单项目的工程数量，即可得到该清单项目的综合单价分析表。

考点二：费用计算

在工程量计算、综合单价分析复查无误后进行分部分项工程费、措施项目费、其他项

目费、规费和增值税的计算，汇总得出工程造价

分部分项工程费=∑(分部分项工程量×分部分项工程项目综合单价)

分部分项工程项目综合单价由人工费、材料费、机械费、管理费和利润组成，并考虑风险因素。

措施项目费分为应予计量的措施项目(单价措施项目)和不宜计量的措施项目(总价措施项目)两种。

应予计量的措施项目(单价措施项目)=∑(措施项目工程量×措施项目综合单价)

不宜计量的措施项目(总价措施项目)=∑(措施项目计费基数×费率)

单位工程造价=分部分项工程费+措施项目费+其他项目费+规费+增值税

应验实践

【例题1·单选】根据《建设工程工程量清单计价规范》(GB 50500—2013)，下列费用项目中需纳入分部分项工程项目综合单价的是(　　)。

A. 工程设备估价　　　　B. 专业工程暂估价
C. 暂列金额　　　　　　D. 计日工费

【答案】A

【解析】综合单价是指完成一个规定清单项目所需的人工费、材料费和工程设备费、施工机具使用费和企业管理费、利润以及一定范围内的风险费用。

【例题2·单选】关于工程量清单计价，下列计价公式中不正确的是(　　)。

A. 单位工程直接费=∑(假定建筑安装产品工程量×工料单价)
B. 分部分项工程费=∑(分部分项工程量×分部分项工程综合单价)
C. 措施项目费=∑按"项"计算的措施项目费+∑(措施项目工程量×措施项目综合单价)
D. 单位工程报价=分部分项工程费+措施项目费+其他项目费+规费+增值税

【答案】A

【解析】单位工程直接费属于定额计价的内容，不属于清单计价要计算的内容。

【例题3·单选】有关工程量清单计价的基本程序，下列表述中正确的是(　　)。

A. 施工组织设计、施工规范和验收规范是确定项目名称和项目编码的依据
B. 综合单价中风险费用应单独列项
C. 风险费用用于化解承包方在工程合同中约定的风险内容和范围
D. 工程量清单计价活动涵盖了工程结算和工程计价纠纷处理等活动

【答案】D

【解析】关于A选项，施工组织设计、施工规范和验收规范是确定项目名称、项目特征和计算工程量的依据。关于B选项，风险费用隐含于已标价工程量清单综合单价中。关于C选项，综合单价用于化解发承包方在工程合同中约定的风险内容和范围的费用。关于D选项，工程量清单计价活动涵盖了工程结算和工程计价纠纷处理等活动。

第二节 工程计价依据的分类

知识图谱

工程计价依据的分类 —— 工程计价依据体系
　　　　　　　　 —— 工程计价依据的分类
　　　　　　　　 —— 工程计价依据改革的主要任务

定额计价程序.mp4

一、工程计价依据体系

(略)

二、工程计价依据的分类

考点速览

考点一：按用途分类

第一类，规范工程计价的依据。

① 国家标准：《建设工程工程量清单计价规范》(GB 50500—2013)、《房屋建筑与装饰工程工程量计算规范》(GB 50854—2013)、《通用安装工程工程量计算规范》(GB 5085—2013)、《建筑工程建筑面积计算规范》(GB/T 50353—2013)。

② 有关行业主管部门发布的规章、规范。

③ 行业协会推荐性规程，如中国建设工程造价管理协会发布的《建设项目投资估算编审规程》(CECA/GC 1—2015)、《建设项目设计概算编审规程》(CECA/GC 2—2015)、《建设项目工程结算编审规程》(CECA/GC 3—2015)、《建设项目全过程造价咨询规程》(CECA/GC 4—2015)等。

第二类，计算设备数量和工程量的依据。

① 可行性研究资料。

② 初步设计、扩大初步设计、施工图设计图纸和资料。

③ 工程变更及施工现场签证。

第三类，计算分部分项工程人工、材料、机具台班消耗量及费用的依据。

① 概算指标、概算定额、预算定额。

② 人工单价。

③ 材料预算单价。

④ 机具台班单价。

⑤ 工程造价信息。

第四类，计算建筑安装工程费用的依据。
① 费用定额。
② 价格指数。
第五类，计算设备费的依据。
设备价格、运杂费率等。
第六类，计算工程建设其他费用的依据。
① 用地指标。
② 各项工程建设其他费用定额等。
第七类，相关的法规和政策。
① 包含在工程造价内的税种、税率。
② 与产业政策、能源政策、环境政策、技术政策和土地等资源利用政策有关的取费标准。
③ 利率和汇率。
④ 其他计价依据。

应验实践

【例题 1·单选】以下属于计算分部分项工程人工、材料、机械台班消耗量及费用依据的是( )。

A. 工程造价信息　　　　　　B. 工程建设其他费定额
C. 间接费定额　　　　　　　D. 运杂费费率

【答案】A

【解析】计算分部分项工程人工、材料、机具台班消耗量及费用的依据：①概算指标、概算定额、预算定额；②人工单价；③材料预算单价；④机具台班单价；⑤工程造价信息。

【例题 2·单选】以下属于计算建筑安装工程费用依据的是( )。

A. 用地指标　　　　　　　　B. 工程建设其他费定额
C. 费用定额　　　　　　　　D. 运杂费费率

【答案】C

【解析】计算建筑安装工程费用的依据：①费用定额；②价格指数。

【例题 3·单选】工程造价的计价依据按用途分类可以分为七大类，其中计算设备费依据的是( )。

A. 各项工程建设其他费用定额
B. 设备价格、运杂费费率等
C. 间接费定额
D. 概算指标、概算定额、预算定额

【答案】B

【解析】计算设备费的依据是设备价格、运杂费费率等。

考点二：按使用对象分类
第一类，规范建设单位计价行为的依据。

第二类，规范建设单位和承包商双方计价行为的依据。

三、工程计价依据改革的主要任务

(略)

第三节 预算定额、概算定额、概算指标、投资估算指标和工程造价指标

📘 知识图谱

一、预算定额

🔍 考点速览

1. 预算定额的作用、原则、依据和步骤

考点一：预算定额的作用
① 预算定额是编制施工图预算、确定建筑安装工程造价的基础。
② 预算定额是编制施工组织设计的依据。
③ 预算定额是施工单位进行经济活动分析的依据。
④ 预算定额是编制概算定额的基础。
⑤ 预算定额是合理编制最高投标限价的基础。

✏️ 应验实践

【例题·多选】下列属于预算定额作用的是( )。
　　A. 编制施工图预算的依据
　　B. 编制投资估算的依据

C. 编制施工单位进行经济活动分析的依据
D. 编制概算定额的基础
E. 编制施工组织设计的依据

【答案】ACDE

【解析】预算定额的作用见考点一。

考点二：预算定额的编制原则

(1) 社会平均水平原则。
(2) 简明适用原则。

对于那些主要的、常用的、价值量大的项目，分项工程划分宜细；次要的、不常用的、价值量相对较小的项目则可以粗些。(分主次)

预算定额要项目齐全。(准确)

要求合理确定预算定额的计量单位。(减量)

应验实践

【例题·多选】下列属于预算定额编制原则的是( )。
A. 社会先进水平原则   B. 社会平均水平原则
C. 尽可能详细原则   D. 尽量增加定额附注原则
E. 简明适用原则

【答案】BE

【解析】预算定额编制的原则见考点二。

考点三：预算定额的编制依据

① 现行施工定额。
② 现行规范、标准、规程。
③ 典型的施工图及有关标准图。
④ 新技术、新结构、新材料和先进的施工方法。
⑤ 有关科学实验、技术测定和统计、经验资料。
⑥ 预算定额、材料单价及有关文件规定，也包括过去编制定额累积的基础资料。

考点四：预算定额的编制步骤

预算定额的编制，大致可以分为准备工作、收集资料、编制定额、报批和修改定稿五个阶段。各阶段工作相互有交叉，有些工作还有多次反复。

2. 预算定额消耗量的确定

考点一：预算定额计量单位的确定。

首先应考虑该单位能否反映单位产品的工、料消耗量，保证预算定额的准确性；其次要有利于减少定额项目，保证定额的综合性；最后要有利于简化工程量计算和整个预算定额的编制工作，保证预算定额编制的准确性和及时性。

预算定额单位确定以后，在预算定额项目表中，常采用所取单位的 10 倍、100 倍等倍数的计量单位来编制预算定额。

在正常施工条件下,生产单位合格产品所必需消耗的人工工日数量,是由分项工程所综合的各个工序劳动定额包括的基本用工、其他用工两部分组成的。不是简单的相加,而是在综合过程中增加两种定额之间的适当水平差。

考点二:预算定额中人、材、机消耗量的确定

基本用工	完成该分项工程的主要用工
材料超运距用工	预算定额中的材料、半成品的平均运距要比劳动定额的平均运距远,因此超过劳动定额运距的材料要计算超运距用工
辅助用工	指施工现场发生的加工材料等的用工,如筛沙子、淋石灰膏的用工
人工幅度差	劳动定额中没有包含的用工因素。例如,各工种交叉作业配合工作的停歇时间,工程质量检查和工程隐蔽、验收等所占的时间

考点三:预算定额中材料消耗量的计算

主要材料	直接构成工程实体的材料,如钢筋、水泥等
辅助材料	构成工程实体的除主要材料以外的其他材料,如垫木、钉子、铅丝等
周转性材料	脚手架、模板等多次周转使用但不构成工程实体的摊销性材料
其他材料	指用量较少,难以计量的零星用料,如棉纱、编号用的油漆等
凡设计图纸标注尺寸及下料要求的材料	按设计图纸计算材料净用量,如混凝土、钢筋等材料
材料损耗量	在正常施工条件下,不可避免的材料损耗,如现场内材料运输损耗及施工操作过程中的损耗等。损耗量按有关规范或经验数据确定
周转性材料	根据现场情况测定周转性材料使用量,再按材料使用次数及材料损耗率确定摊销量

考点四:预算定额中机具台班消耗量的计算

预算定额的机具台班消耗量的计量单位是"台班"。按现行规定,每个工作台班按机械工作 8h 计算,如 10 台班/m³。

以使用机械为主的项目,如机械挖土、空心板吊装等,要相应增加机械幅度差。

预算定额机械耗用台班=施工定额机械耗用台班×(1+机械幅度差系数)

施工机具是配合工人班组工作的,如砌墙是按工人小组配置塔吊、卷扬机、砂浆搅拌机。不增加机械幅度差。

分项定额机械台班使用量=分项定额计量单位值/小组人数×Σ(分项计算的取定比例×劳动定额综合产量)

或

分项定额机械台班使用量=分项定额计量单位量/小组总产量

【例题 1·单选】在计算预算定额人工工日消耗量时,包含在人工幅度差内的用工是( )。

　　A. 超运距用工
　　B. 材料加工用工

C. 机械土方工程的配合用工
D. 工种交叉作业相互影响的停歇用工

【答案】D

【解析】人工幅度差主要指正常施工条件下，劳动定额中没有包含的用工因素。例如，各工种交叉作业配合工作的停歇时间，工程质量检查和工程隐蔽、验收等所占的时间。

【例题2·单选】下列用时中，同时包含在劳动定额和预算定额人工消耗量中的是( )。

A. 隐蔽工程验收的影响时间
B. 工序搭接发生的停歇时间
C. 不可避免的中断时间
D. 加工材料所需的时间

【答案】C

【解析】运用排除法，辅助用工指施工现场发生的加工材料等的用工，如筛沙子、淋石灰膏的用工。人工幅度差主要指正常施工条件下，劳动定额中没有包含的用工因素。例如，各工种交叉作业配合工作的停歇时间，工程质量检查和工程隐蔽、验收等所占的时间。

【例题3·单选】下列材料损耗，应计入预算定额材料损耗量的是( )。

A. 场外运输损耗
B. 工地仓储损耗
C. 一般性检验鉴定损耗
D. 施工加工损耗

【答案】D

【解析】预算定额材料损耗量，指在正常条件下不可避免的材料损耗，如现场内材料运输及施工操作过程中的损耗等。

考点五：编制定额项目表

① 工程内容可以按编制时即包括的综合分项内容填写。
② 人工消耗量指标可按工种分别填写工日数。
③ 材料消耗量指标应列出主要材料名称、单位和实物消耗量。
④ 施工机具使用量指标应列出主要施工机具的名称和台班数。

简单理解：工、料、机的消耗量和工、料、机单价的结合过程。

考点六：预算定额的编排

定额项目表编制完成后，对分项工程的人工、材料和机具台班消耗量列上单价(基期价格)，从而形成量价合一的预算定额。

$$定额基价=人工费+材料费+机具使用费$$

人工费=Σ(现行预算定额中各种人工工日用量×人工日工资单价)

材料费=Σ(现行预算定额中各种材料耗用量×相应材料单价)

机具使用费=Σ(现行预算定额中机械台班用量×机械台班单价)+Σ(仪器仪表台班用量×仪器仪表台班单价)

二、概算定额

考点速览

考点一：概算定额的主要作用
① 概算定额是扩大初步设计阶段编制设计概算和技术设计阶段编制修正概算的依据。
② 概算定额是对设计项目进行技术经济分析和比较的基础资料之一。
③ 概算定额是编制建设项目主要材料计划的参考依据。
④ 概算定额是编制概算指标的依据。
⑤ 概算定额是编制最高投标限价的依据。

预算定额消耗量的
确定.mp4

应验实践

【例题·多选】概算定额的主要作用包括(　　)。
　　A. 编制设计概算的依据
　　B. 编制概算指标的依据
　　C. 对设计项目进行技术经济分析和比较的基础资料之一
　　D. 编制建设项目主要材料计划的参考依据
　　E. 是对设计方案和施工方案进行技术经济评价的依据
【答案】ABCD
【解析】概算定额的作用见考点一。

考点二：概算定额的编制依据
① 现行的预算定额。
② 设计及施工技术规范。
③ 选择的典型施工图和其他有关资料。
④ 人工工资标准、材料预算价格和机具台班预算价格。

考点三：概算定额的编制步骤
① 准备工作阶段。
② 编制初稿阶段。
③ 审查定稿阶段。

三、概算指标

考点速览

概算指标是以整个建筑物或构筑物为对象，以 m²、m³ 或 "座" 等为计量单位，规定了人工、材料、机具台班的消耗指标的一种标准。

考点一：概算指标的主要作用

① 是基本建设管理部门编制投资估算和编制基本建设计划，估算主要材料用量计划的依据。

② 是设计单位编制初步设计概算、选择设计方案的依据。

③ 是考核基本建设投资效果的依据。

应验实践

【例题·单选】概算指标是以(　　)为对象的消耗指标。

A. 单位工程　　　　　　　　B. 分部工程
C. 整个建筑物或构筑物　　　D. 分项工程

【答案】C

【解析】概算指标是以整个建筑物或构筑物为对象，以 m^2、m^3 或"座"等为计量单位，规定了人工、材料、机具台班消耗指标的一种标准。

考点二：概算指标的主要内容和形式

概算指标的内容和形式没有统一的格式，一般包括以下内容。

① 工程概况，包括建筑面积，建筑层数，建筑地点、时间，工程各部位的结构及做法等。

② 工程造价及费用组成。

③ 每平方米建筑面积的工程量指标。

④ 每平方米建筑面积的工料消耗指标。

考点三：概算指标的编制依据

① 标准设计图纸和各类工程典型设计。

② 国家颁发的建筑标准、设计规范、施工规范等。

③ 各类工程造价资料。

④ 现行的概算定额和预算定额及补充定额。

⑤ 人工工资标准、材料预算价格、机具台班预算价格及其他价格资料。

考点四：概算指标的编制步骤

以房屋建筑工程为例，概算指标可按以下步骤进行编制。

① 首先成立编制小组，拟定工作方案，明确编制原则和方法，确定指标的内容及表现形式，确定基价所依据的人工工资单价、材料单价、机具台班单价。

② 收集整理编制指标所必需的标准设计、典型设计以及有代表性的工程设计图纸，设计预算等资料，充分利用有使用价值的已经积累的工程造价资料。

③ 编制阶段。主要是选定图纸，并根据图纸资料计算工程量和编制单位工程预算书，以及按着编制方案确定的指标项目对人工及主要材料消耗指标，填写概算指标的表格。

④ 最后核对审核、平衡分析、水平测算、审查定稿。

四、投资估算指标

考点速览

1. 投资估算指标的作用

考点：投资估算指标的作用

工程建设投资估算指标是编制项目建议书、可行性研究报告等前期工作阶段投资估算的依据，也可以作为编制固定资产长远规划投资额的参考。

应验实践

【例题·单选】工程建设( )是编制建设项目建议书、可行性研究报告等前期工作阶段投资估算的依据。

A. 投资估算指标　　　　B. 概算定额
C. 预算定额　　　　　　D. 概算指标

【答案】A

【解析】工程建设投资估算指标是编制项目建议书、可行性研究报告等前期工作阶段投资估算的依据，也可以作为编制固定资产长远规划投资额的参考。

2. 投资估算指标的内容

投资估算指标是确定和控制建设项目全过程各项投资支出的技术经济指标。
一般可分为建设项目综合指标、单项工程指标和单位工程指标 3 个层次。

考点一：建设项目综合指标

建设项目综合指标一般以项目的综合生产能力单位投资表示，如元/t、元/kW；或以使用功能表示，如医院床位元/床。

考点二：单项工程指标

单项工程指标是指按规定应列入能独立发挥生产能力或使用效益的单项工程内的全部投资额，包括建筑工程费，安装工程费，设备、工器具及生产家具购置费和可能包含的其他费用。

考点三：单位工程指标

一般以单项工程生产能力单位投资表示。

单位工程指标按规定应列入能独立设计、施工的工程项目的费用，即建筑安装工程费用。

应验实践

【例题·多选】关于投资估算指标反映的费用内容和计价单位，下列说法中正确的有( )。

A. 单位工程指标反映建筑安装工程费，以 m^2、m^3、座等单位投资表示

B. 单项工程指标反映工程费用，以 m^2、m^3、m、座等单位投资表示

C. 单项工程指标反映建筑安装工程费，以单项工程生产能力单位投资表示工程费用

D. 建设项目综合指标反映项目固定资产投资，以项目综合生产能力单位投资表示

E. 建设项目综合指标反映项目总投资，以项目综合生产能力单位投资表示

【答案】AE

【解析】选项 B 错误，单位工程指标一般以 m^2、m、座等单位投资表示；选项 C 错误，单项工程指标包括建筑工程费，安装工程费，设备、工器具及生产家具购置费和可能包含的其他费用；选项 D 错误，建设项目综合指标反映项目总投资，一般以项目的综合生产能力单位投资表示。

五、工程造价指标

考点速览

1. 工程造价指标及其分类

考点一：工程造价指标

工程造价指标是指建设工程整体或局部在某一时间、地域一定计量单位的造价水平或工料机消耗量的数值。

考点二：工程造价指标的分类

分 类	内 容
按照工程构成	建设投资指标和单项、单位工程造价指标
按照用途	工程经济指标、工程量指标、工料价格指标及消耗量指标

2. 工程造价指标的测算

考点一：工程造价指标测算时应注意的问题

(1) 数据的真实性，采集实际的工程数据。

(2) 符合时间要求。

① 投资估算、设计概算、招标控制价应采用成果文件编制完成日期。

② 合同价应采用工程开工日期。

③ 结算价应采用工程竣工日期。

(3) 根据工程特征进行测算。

建设工程造价指标应区分地区、工程类型、造价类型、时间进行测算。

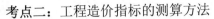

考点二：工程造价指标的测算方法

分 类	内 容
数据统计法	当建设工程造价数据的样本数量达到数据采集最少样本数量要求时
典型工程法	建设工程造价数据样本数量达不到最少样本数量要求时
汇总计算法	当需要采用下一层级造价指标汇总计算上一层级造价指标时，应采用加权平均计算法，权重为指标对应的总建设规模

考点三：工程造价指标的使用
(1) 作为对已完或在建工程进行造价分析的依据。
(2) 作为拟建类似项目工程计价的重要依据。
(3) 作为反映同类工程造价变化规律的基础资料。
① 用作编制各类定额的基础资料。
② 用于研究同类工程造价的变化规律，编制造价指数。

第四节　人工、材料、机具台班消耗量定额

投资估算指标.mp4

一、劳动定额

考点速览

1. 劳动定额的分类及其关系

考点一：劳动定额的分类
劳动定额分为时间定额和产量定额。
(1) 时间定额。
时间定额是指某工种某一等级的工人或工人小组在合理的劳动组织等施工条件下，完成单位合格产品所必须消耗的工作时间。
(2) 产量定额。
产量定额是指某工种某等级工人或工人小组在合理的劳动组织等施工条件下，在单位时间内完成合格产品的数量。

考点二：时间定额与产量定额的关系

时间定额与产量定额是互为倒数的关系，即

$$时间定额=1/定量定额$$

2. 工作时间

考点一：工人工作时间

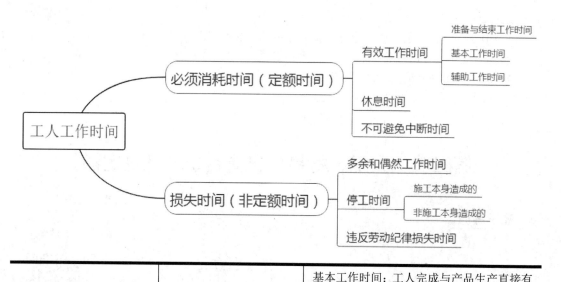

必须消耗的时间：工人在正常施工条件下，完成一定产品所消耗的时间(定额时间)	有效工作时间：与产品生产直接有关的时间消耗	基本工作时间：工人完成与产品生产直接有关的工作时间，如砌砖施工过程的挂线、铺灰浆、砌砖等工作时间。与工作量的大小成正比
		辅助工作时间：是指为了保证基本工作顺利完成而同技术操作无直接关系的辅助性工作时间，如修磨校验工具、移动工作梯、工人转移工作地点等所需时间
		准备与结束工作时间：工人在执行任务前的准备工作(包括工作地点、劳动工具、劳动对象的准备)和完成任务后的整理工作时间
	休息时间：工人为了恢复体力所必需的短暂休息和生理需要的时间消耗	
	不可避免中断时间：由于施工工艺特点引起的工作中断时间	举例：汽车司机等候装货的时间、安装工人等候构件起吊的时间等
损失时间：与产品生产无关，而与施工组织和技术上的缺点有关，与工人的个人过失或某些偶然因素有关的时间消耗(非定额时间)	多余和偶然工作时间：指在正常施工条件下不应发生的时间消耗，如拆除超过图示高度的多余墙体的时间	
	停工时间：分为施工本身造成的停工时间和非施工本身造成的停工时间，如材料供应不及时，由于气候变化和水、电源中断而引起的停工时间	
	违反劳动纪律的损失时间：在工作班内工人迟到、早退、闲谈、办私事等原因造成的工时损失	

应验实践

【例题1·多选】 编制人工定额时，属于工人工作必须消耗的时间有(   )。
   A. 多余和偶然工作时间
   B. 施工本身造成的停工时间
   C. 不可避免的中断时间
   D. 辅助工作时间
   E. 准备与结束工作时间

【答案】CDE

【解析】必须消耗的工作时间，包括有效工作时间、休息时间和不可避免中断时间，有效工作时间包含基本工作时间、辅助工作时间、准备与结束时间。

工程造价指标.mp4

【例题2·单选】 编制人工定额时，基本工作结束后整理劳动工具时间应计入(   )。
   A. 休息时间   B. 不可避免的中断时间
   C. 有效工作时间   D. 损失时间

【答案】C

【解析】基本工作结束后的整理工作属于准备与结束工作时间，是有效工作时间。

【例题3·多选】 编制人工定额时，属于工人工作必须消耗的时间有(   )。
   A. 基本工作时间   B. 辅助工作时间
   C. 违反劳动纪律损失时间   D. 准备与结束工作时间
   E. 不可避免中断时间

【答案】ABDE

【解析】工人工作必须消耗的时间：有效工作时间(基本工作时间、准备与结束工作时间、辅助工作时间)、休息时间和不可避免中断时间。

【例题4·多选】 编制人工定额时，属于工人工作必须消耗的时间有(   )。
   A. 多余和偶然工作时间   B. 施工本身造成的停工时间
   C. 不可避免中断时间   D. 辅助工作时间
   E. 准备与结束工作时间

【答案】CDE

【解析】必须消耗的工作时间，包括有效工作时间、休息时间和不可避免中断时间，有效工作时间包含基本工作时间、辅助工作时间、准备与结束时间。

【例题5·单选】 下列工人工作时间消耗中，属于有效工作时间的是(   )。
   A. 因混凝土养护引起的停工时间
   B. 偶然停工(停水、停电)增加的时间
   C. 产品质量不合格返工的工作时间
   D. 准备施工工具花费的时间

【答案】D

【解析】本题考查的是劳动定额。有效工作时间包括基本工作时间、辅助工作时间、准备与结束工作时间。

劳动定额的分类.mp4

工人工作时间.mp4

考点二：机械工作时间

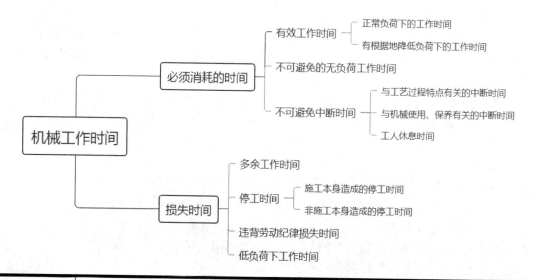

必须消耗的时间	有效工作时间	正常负荷下的工作时间 有根据地降低负荷下的工作时间，如汽车运输重量轻而体积大的货物
	不可避免的无负荷工作时间：由施工过程的特点造成的机械无负荷工作时间	推土机到达工作段终端后倒车时间、起重机吊完构件后返回构件堆放地点的时间
	不可避免中断时间	与工艺过程的特点有关；汽车装货和卸货时的停车
		与机器保养有关；给机械加油的时间和工人休息时间
损失时间	多余工作时间：机器进行任务内和工艺过程内未包括的工作而延续的时间	工人没有及时供料而使机器空转；机械在负荷下的多余工作，超时搅拌混凝土
	停工时间	施工本身造成的停工时间，如未及时给机械加水、加油而引起的停工时间；非施工本身造成的停工时间：由于气候条件所引起的，暴雨时压路机停工
	违背劳动纪律损失时间	由于工人迟到、早退等原因引起的机械停工时间
	低负荷下工作时间：工人或技术人员的过错所造成的	工人装车的砂石数量不足引起的汽车降低负荷，此时间不能作为计算时间定额的基础

【例题·单选】 编制压路机台班使用定额时，属于必须消耗的时间的是( )。

A. 施工组织不好引起的停工时间
B. 压路机在工作区末端掉头时间
C. 压路机操作人员擅离岗位引起的停工时间
D. 暴雨时压路机的停工时间

【答案】 B

【解析】 施工组织不好引起的停工时间，属于损失时间，故 A 选项错误。工作区末端的掉头时间，属于不可避免的无负荷工作时间，为必须消耗的时间，故 B 选项正确。压路机操作人员擅离岗位引起的停工时间属于损失时间，故 C 选项错误。暴雨时压路机的停工时间，属于损失时间，故 D 选项错误。

考点三：劳动定额的编制方法

编制方法	优、缺点及适用范围
经验估计法	根据实际工作经验，对生产某一产品或完成某项工作所需的人工、施工机具、材料数量进行分析、讨论和估算，最终确定定额耗用量的一种方法(相关人员实际工作经验确定) 优点：方法简单，工作量小，便于及时制定和修订定额 缺点：制定的定额准确性较差，难以保证质量 适用：多品种生产或单件、小批量生产的企业，以及新产品试制和临时性生产
统计分析法	根据过去生产同类型产品、零件的实作工时或统计资料，经过整理和分析，来制定定额的方法 优点：简便易行，工作量也比较小，由于有一定的资料做依据，制定定额的质量比经验估计法要准确些 缺点：如果原始记录和统计资料不准确，将会直接影响定额的质量 适用：统计分析法适用于大量生产或成批生产的企业。一般生产条件比较正常、产品比较固定、原始记录和统计工作比较健全的企业
技术测定法	通过对施工过程的具体活动进行实地观察，整理出可靠的原始数据资料，为制定定额提供科学依据的一种方法 优点：重视现场调查研究和技术分析，有一定的科学技术依据，制定定额的准确性较好，定额水平易达到平衡，可发现和揭露生产中的实际问题 缺点：费时费力，工作量较大，没有一定的文化和专业技术水平难以胜任此项工作
比较类推法 (典型定额法)	比较类推法是在相同类型的项目中选择有代表性的典型项目，然后根据测定的定额用比较类推的方法编制其他相关定额的一种方法 优点：其准确性和平衡性较好 缺点：制定典型零件或典型工序的定额标准时，工作量较大 适用：结构上的相似性、工艺上的同类性、条件上的可比性、变化的规律性

应验实践

【例题 1·单选】对于结构上相似性、工艺上的同类性、条件上具有可比性及变化规律性的产品，施工人工定额的制定适宜采用的方法是(　　)。

　　A. 比较类推法　　　　　　B. 技术测定法
　　C. 统计分析法　　　　　　D. 经验估计法

【答案】A

【解析】比较类推法也叫典型定额法。比较类推法是在相同类型的项目中选择有代表性的典型项目，然后根据测定的定额用比较类推的方法编制其他相关定额的一种方法。比较类推法应具备的条件是结构上的相似性、工艺上的同类性、条件上的可比性、变化的规律性。

【例题 2·单选】某施工企业编制砌砖墙人工定额，该企业有近 5 年同类工程的施工工时消耗资料，则制定人工定额适合选用的方法是(　　)。

　　A. 技术测定法　　　　　　B. 比较类推法
　　C. 统计分析法　　　　　　D. 经验估计法

【答案】C

【解析】统计分析法就是根据过去生产同类型产品、零件的实作工时或统计资料，经过整理和分析，考虑今后企业生产技术组织条件的可能变化来制定定额的方法。

【例题 3·单选】通过对施工过程的具体活动进行实地观察，详细记录工人和机械的工作时间消耗、完成产品数量及有关影响因素，再对所获得的资料进行分析，制定出人工定额的方法是(　　)。

　　A. 统计分析法　　　　　　B. 比较类推法
　　C. 技术测定法　　　　　　D. 经验估计法

【答案】C

【解析】技术测定法是根据生产技术和施工组织条件，对施工过程中各工序采用测时法、写实记录法、工作日写实法，测出各工序的工时消耗等资料，再对所获得的资料进行科学分析，制定出人工定额的方法。

二、材料消耗定额

考点速览

考点一：材料消耗定额的概念

材料消耗定额是指正常的施工条件和合理使用材料的情况下，生产质量合格的单位产品所必须消耗的建筑安装材料的数量标准。

考点二：净用量定额和损耗量定额

材料消耗定额包括以下几项。

(1) 直接用于建筑安装工程上的材料。

(2) 不可避免产生的施工废料。
(3) 不可避免的施工操作损耗。

材料消耗定额(材料总消耗量)=材料消耗净用量+材料损耗量

材料损耗率=材料损耗量/材料净用量×100%(即材料损耗量=材料净用量×损耗率)

材料消耗定额=材料消耗净用量×(1+损耗率)

应验实践

【例题·单选】已知砌筑 1m³ 砖墙中砖净量和损耗分别为 529 块、6 块，百块砖体积按 0.146m³ 计算，砂浆损耗率为 10%，则砌筑 1m³ 砖墙的砂浆用量为(　　)m³。

A. 0.250　　　　B. 0.253　　　　C. 0.241　　　　D. 0.243

【答案】A

【解析】本题考查的是材料消耗定额。砂浆净用量=1-529×0.146÷100=0.228(m³)；砂浆消耗量=0.228×(1+10%)=0.250(m³)。

考点三：编制材料消耗定额的基本方法

分类	概念及适用
现场技术测定法	适用于确定材料损耗量，还可以区别可以避免的损耗与难以避免的损耗
实验法	在实验室内采用专用的仪器设备，通过实验的方法来确定材料消耗定额，用这种方法提供的数据虽然精确度高，但容易脱离现场实际情况，主要用于编制材料净用量定额
统计法	通过对现场用料的大量统计资料进行分析计算的一种方法。可获得材料消耗的各项数据，用于编制材料消耗定额
理论计算法	运用一定的计算公式计算材料消耗量，确定消耗定额的一种方法。这种方法较适合计算块状、板状、卷状等材料的消耗量

应验实践

【例题·多选】下列定额测定方法中，主要用于测定材料消耗量定额的基本方法有(　　)。

A. 现场技术测定法　　　　B. 实验室实验法
C. 统计法　　　　　　　　D. 理论计算法
E. 比较类推法

【答案】ABCD

【解析】主要用于测定材料消耗量定额的基本方法有现场技术测定法、实验法、统计法、理论计算法。

三、施工机具台班定额

考点速览

考点一：拟定正常的施工条件

机械操作与人工操作相比，劳动生产率在更大程度上受施工条件的影响，所以更要重视拟定正常的施工条件。

考点二：确定施工机具纯工作 1h 的正常生产率

确定机械纯工作 1h 正常劳动生产率可以分为三步进行。

第一步，计算施工机具一次循环的正常延续时间。

第二步，计算施工机具纯工作 1h 的循环次数。

第三步，求施工机具纯工作 1h 的正常生产率。

考点三：确定施工机具的正常利用系数

机械正常利用系数=工作班内机械纯工作时间/机械工作班延续时间

应验实践

【例题·单选】确定施工机械台班定额消耗量前需计算机械时间利用系数，其计算公式正确的是(　　)。

　　A. 机械时间利用系数=机械纯工作 1h 正常生产率×工作班纯工作时间

　　B. 机械时间利用系数=1/机械台班产量定额

　　C. 机械时间利用系数=机械在一个工作班内纯工作时间/一个工作班延续时间(8h)

　　D. 机械时间利用系数=一个工作班延续时间(8h)/机械在一个工作班内纯工作时间

【答案】C

【解析】机械时间利用系数=机械在一个工作班内纯工作时间/一个工作班延续时间(8h)

考点四：计算机具台班定额

施工机具台班产量定额=机械纯工作 1h 正常生产率×工作班延续时间×
机械正常利用系数

应验实践

【例题·单选】某混凝土输送泵每小时纯工作状态可输送混凝土 $25m^3$，泵的时间利用系数为 0.75，则该混凝土输送泵的产量定额为(　　)。

　　A. $150m^3$/台班　　　　　　B. 0.67 台班/$100m^3$

　　C. $200m^3$/台班　　　　　　D. 0.50 台班/$100m^3$

【答案】A

【解析】施工机具台班产量定额=机械纯工作 1h 正常生产率×工作班延续时间×机械正常利用系数=25×8×0.75=150(m^3/台班)。

第五节 人工、材料、机具台班单价及定额基价

知识图谱

```
                                      ┌── 人工单价
                                      │
人工、材料、机具台班单价及定额基价 ────┤── 材料 单价
                                      │
                                      ├── 施工机具台班单价
                                      │
                                      └── 定额基价
```

一、人工单价

考点速览

考点一：人工单价概念

人工单价是指施工企业平均技术熟练程度的生产工人在每工作日(国家法定工作时间内)按规定从事施工作业应得的日工资总额。

考点二：人工日工资单价组成内容

人工单价由计时工资或计件工资、奖金、津贴补贴以及特殊情况下支付的工资组成。

① 计时工资或计件工资。

② 奖金，如节约奖、劳动竞赛奖等。

③ 津贴补贴。是指为了补偿职工特殊或额外的劳动消耗和因其他原因支付给个人的津贴，以及为了保证职工工资水平不受物价影响支付给个人的物价补贴。

④ 特殊情况下支付的工资。是指根据国家法律、法规和政策规定，因病、工伤、产假、计划生育假、婚丧假、事假、探亲假、定期休假、停工学习、执行国家或社会义务等原因按计时工资标准或计件工资标准的一定比例支付的工资。

应验实践

【例题1•多选】下列费用项目中，应计入人工日工资单价的有( )。
A. 计件工资　　　　　B. 劳动竞赛奖金　　　C. 劳动保护费
D. 流动施工津贴　　　E. 职工福利费
【答案】ABD
【解析】劳动保护费、职工福利费属于企业管理费。
【例题2•单选】根据国家相关法律、法规和政策规定，因停工学习、执行国家或社

会义务等原因，按计时工资标准支付的工资属于人工日工资单价中的(　　)。

A. 基本工资　　　　　　　　B. 奖金
C. 津贴补贴　　　　　　　　D. 特殊情况下支付的工资

【答案】D

【解析】特殊情况下支付的工资有工伤、产假、婚丧假、生育假、事假、停工学习、执行国家或社会义务等。

二、材料单价

考点速览

考点一：材料单价的概念

材料单价是建筑材料从其来源地运到施工工地仓库，直至出库形成的综合平均单价。

考点二：材料单价的组成

材料单价由下列费用组成。

① 材料原价(或供应价格)。
② 材料运杂费。
③ 运输损耗费。
④ 采购及保管费。

包括采购费、仓储费、工地保管费、仓储损耗。

材料单价=[(材料原价+运杂费)×(1+运输损耗率)]×(1+采购及保管费费率)

应验实践

【例题 1·单选】从甲、乙两地采购某工程材料，采购量及有关费用如下表所示。该工程材料的单价为(　　)元/t。(表中原价、运杂费均为不含税价格)

来　源	采购量/t	原价+运杂费/(元/t)	运输损耗费/%	采购及保管费费率/%
甲	600	260	1	3
乙	400	240		

A. 262.08　　　B. 262.16　　　C. 262.42　　　D. 262.50

【答案】B

【解析】材料单价=[(供应价格+运杂费)×(1+运输损耗率)]×(1+采购及保管费费率)，该工程材料的材料费单价=(600×260+400×240)×(1+1%)×(1+3%)/(600+400)=262.16(元/t)。

【例题 2·多选】关于材料单价的构成和计算，下列说法中正确的有(　　)。

A. 材料单价指材料由其来源地运达工地仓库的入库价
B. 运输损耗指材料在场外运输装卸及施工现场搬运发生的不可避免损耗
C. 采购及保管费包括组织材料采购、供应过程中发生的费用
D. 材料单价中包括材料仓储费和工地保管费

E. 当采用一般计税方法时，材料单价中的材料原价、运杂费等均应扣除增值税进项税税额

【答案】CDE

【解析】材料单价是指建筑材料从其来源地运到施工工地仓库，直至出库形成的综合单价。

【例题 3·多选】下列材料单价的构成费用，包含在采购及保管费中进行计算的有( )。
  A. 运杂费　　　　　　B. 仓储费　　　　　　C. 工地保管费
  D. 运输损耗　　　　　E. 仓储损耗

【答案】BCE

【解析】采购及保管费包括采购费、仓储费、工地保管费、仓储损耗。

三、施工机具台班单价

考点速览

考点一：折旧费
$$台班折旧费=机械预算价格×(1-残值率)/耐用总台班$$

考点二：检修费
检修费是指施工机械在规定的耐用总台班内，按规定的检修间隔进行必要的检修，以<u>恢复</u>其正常功能所需的费用。
$$台班检修费=一次检修费×检修次数/耐用总台班×除税系数$$

考点三：维护费
维护费是指施工机械在规定的耐用总台班内，按规定的维护间隔进行<u>各级维护和临时故障</u>排除所需的费用。

保障机械正常运转所需替换与随机配备工具附具的摊销和维护费用、机械运转及日常保养维护所需润滑与擦拭的材料费用及机械停滞期间的维护费用等。各项费用分摊到台班中，即为维护费。
$$台班维护费=\Sigma(各级维护一次费用×除税系数×各级维护次数)+$$
$$临时故障排除费/耐用总台班$$
$$台班维护费=台班检修费×K(维护费系数)$$

考点四：安拆费及场外运输费
安拆费及场外运输费根据施工机械不同，分为计入台班单价、单独计算和不需计算 3 种类型。

(1) 计入台班单价。
<u>安拆简单</u>、移动需要起重及运输机械的轻型施工机械，其安拆费及场外运输费<u>计入台班单价</u>。
$$台班安拆费及场外运输费=一次安拆费及场外运输费×年平均安拆次数/年工作台班$$
计入台班单价的安拆费及场外运输费运输距离均按平均 <u>30km</u> 计算。

(2) 单独计算。

① 安拆复杂、移动需要起重及运输机械的重型施工机械，其安拆费及场外运输费单独计算。

② 利用辅助设施移动的施工机械，其辅助设施(包括轨道和枕木)等的折旧、搭设和拆除等费用可单独计算。

(3) 不需计算。

不需计算的情况包括以下几种。

① 不需安拆的施工机械，不计算一次安拆费。

② 不需相关机械辅助运输的自行移动机械，不计算场外运输费。

③ 固定在车间的施工机械，不计算安拆费及场外运输费。

应验实践

【例题·单选】对于下列不同的施工机械，其安拆费及场外运输费应计入台班单价的是( )。

A. 安拆简单、移动不需要起重及运输机械的轻型施工机械
B. 安拆简单、移动需要起重及运输机械的轻型施工机械
C. 安拆复杂、移动不需要起重及运输机械的重型施工机械
D. 安拆复杂、移动需要起重及运输机械的重型施工机械

材料单价的计算.mp4

【答案】B

【解析】安拆简单、移动需要起重及运输机械的轻型施工机械，其安拆费及场外运输费计入台班单价。

考点五：人工费

人工费指机上司机(司炉)和其他操作人员的人工费。

台班人工费=人工消耗量×(1+年制度工作日-年工作台班/年工作台班)×人工单价

考点六：施工仪器仪表台班单价

施工仪器仪表台班单价由四项费用组成，包括折旧费、维护费、校验费、动力费。施工仪器仪表台班单价中的费用组成不包括检测软件的相关费用。

应验实践

【例题1·多选】下列费用项目中，构成施工仪器仪表台班单价的有( )。

A. 折旧费   B. 检修费   C. 维护费
D. 人工费   E. 校验费

【答案】ACE

【解析】B、D属于施工机械台班单价。

【例题2·单选】某大型施工机械预算价格为5万元，机械耐用总台班为1250台班，检修周期数为4，一次检修费为2000元，维护费系数为60%，机上人工费和燃料动力费为60元/台班。不考虑残值和其他有关费用，则该机械台班单价为( )元/台班。

A. 107.68　　　　B. 110.24　　　　C. 112.80　　　　D. 52.80

【答案】A

【解析】台班折旧费=机械预算价格/耐用总台班=50000/1250=40(元/台班)

检修费=2000×(4-1)/1250=4.8(元/台班)

维护费=4.8×60%=2.88(元/台班)

则机械台班单价=40+4.8+2.88+60=107.68(元/台班)

【例题3·单选】关于施工机械安拆费和场外运输费的说法，正确的是(　　)。

  A. 安拆费指安拆一次所需的人工、材料和机械使用费之和

  B. 安拆费中包括机械辅助设施的折旧费

  C. 能自行开动机械的安拆费不予计算

  D. 塔式起重机安拆费的超高增加费应计入机械台班单价

【答案】B

【解析】安拆费指施工机械(大型机械除外)在现场进行安装与拆卸所需的人工、材料、机械和试运转费用以及机械辅助设施的折旧、搭设、拆除等费用。所以A选项错误。不需安装又能自行开动的不计算，所以C选项错误。D选项各地区自行确定。

四、定额基价

考点速览

1. 基价的构成

考点：定额基价的概念

定额基价是指反映完成定额项目规定的单位建筑安装产品，在定额编制基期所需的人工费、材料费、施工机具使用费或其总和。

定额基价是由人、材、机单价构成的，计算公式为

    定额项目基价=人工费+材料费+施工机具费

    人工费=定额项目工日数×人工单价

    材料费=∑(定额项目材料用量×材料单价)

    施工机具费=∑(定额项目台班量×台班单价)

2. 定额基价的换算

当施工图中的分项工程项目不能直接套用预算定额时，就产生了定额的换算。

考点一：换算类型

预算定额的换算类型有以下3种。

① 当设计要求与定额项目配合比、材料不同时的换算。

② 乘以系数的换算。按定额说明规定对定额中的人工费、材料费、机械费乘以各种系数的换算。

③ 其他换算。

考点二：换算的基本思路

根据某一相关定额，按定额规定换入增加的费用，扣除减少的费用。这一思路用下列表达式表述

换算后的定额基价=原定额基价+换入的费用-换出的费用

考点三：适用范围

适用于砂浆强度等级、混凝土强度等级、抹灰砂浆及其他配合比材料与定额不同时的换算。

第六节　建筑安装工程费用定额

知识图谱

一、建筑安装工程费用定额的编制原则

考点速览

考点：
① 合理确定定额水平的原则。
② 简明、适用性原则。
③ 定性与定量分析相结合的原则。

二、企业管理费与规费费率的确定

考点速览

1. 企业管理费费率

考点一：以人、材、机费为计算基础

$$企业管理费 = \frac{生产工人年平均管理费}{年有效施工天数 \times 人工单价} \times 人工费占直接费的比例(\%)$$

考点二：以人工费和机械费合计为计算基础

$$企业管理费费率(\%)=\frac{生产工人年平均管理费}{年有效施工天数\times(人工单价+每一台班施工机具使用费)}\times100\%$$

考点三：以人工费为计算基础

$$企业管理费费率(\%)=\frac{生产工人年平均管理费}{年有效施工天数\times人工单价}\times100\%$$

2. 规费费率

考点一：根据本地区典型工程发承包价的分析资料综合取定规费计算中所需数据
① 每万元发承包价中人工费含量和机械费含量。
② 人工费占人、材、机费的比例。
③ 每万元发承包价中所含规费缴纳标准的各项基数。

考点二：规费费率的计算公式
① 以人、材、机费之和为计算基础，有

$$规费费率(\%)=\frac{\sum规费缴纳标准\times每万元发承包价计算基数}{每万元发承包价中的人工费含量}\times人工费占人、材、机费的比例(\%)$$

② 以人工费和机械费合计为计算基础，有

$$规费费率(\%)=\frac{\sum规费缴纳标准\times每万元发承包价计算基数}{每万元发承包价中的人工费含量和机械费含量}\times100\%$$

③ 以人工费为计算基础，有

$$规费费率(\%)=\frac{\sum规费缴纳标准\times每万元发承包价计算基数}{每万元发承包价中的人工费含量}\times100\%$$

$$企业管理费费率(\%)=\frac{生产工人年平均管理费}{年有效施工天数\times人工单价}\times100\%$$

应验实践

【例题·多选】在计算建筑安装工程费中的企业管理费时，可分别以( )为计算基数。

A. 人工费+材料费

B. 人工费+材料费+机械费

C. 人工费+机械费

D. 人工费

E. 材料费+施工机械使用费

【答案】BCD

【解析】在计算建筑安装工程费中的企业管理费时，可分别以人工费+材料费+机械费、人工费+机械费、人工费为计算基数。

三、利润

考点速览

考点：
$$利润=取费基数×相应利润率$$
取费基数可以是人工费，也可以是直接费或者是直接费+间接费。

四、增值税

考点速览

考点一：一般计税方法
当采用一般计税方法时，建筑业增值税税率为 **9%**。计算公式为
$$增值税=税前造价×9\%$$
税前造价为人工费、材料费、施工机具使用费、企业管理费、利润和规费之和，各费用项目均以不包含增值税可抵扣进项税税额的价格计算。

考点二：简易计税方法
当采用简易计税方法时，建筑业增值税税率为 **3%**，计算公式为
$$增值税=税前造价×3\%$$
各项费用以包含增值税进项税额的含税价格计算，计算公式为
$$税前造价=人+材+机+企业管理费+利润+规费$$

考点三：简易计税适用范围

① 小规模纳税人发生应税行为适用简易计税方法计税。超过 500 万元，不经常发生应税行为的单位；增值销售额未超过 500 万元，会计核算不健全，不能按规定报送税务资料。

② 一般纳税人以清包工方式提供的建筑服务。不采购材料或只采购辅材，并收取人工费、管理费或其他费用的建筑服务。

③ 一般纳税人为甲供工程提供的建筑服务。全部或部分设备、材料、动力由发包人自行采购。

④ 一般纳税人为建筑工程老项目提供的建筑服务。开工日期在 2016 年 4 月 30 日前的建筑工程项目。

应验实践

【例题 1·单选】关于建筑安装工程费用中建筑业增值税的计算，下列说法中正确的是(　　)。

A. 当事人可以自主选择一般计税法或简易计税法计税
B. 一般计税法、简易计税法中的建筑业增值税税率均为11%
C. 采用简易计税法时，税前造价不包含增值税的进项税额
D. 采用一般计税法时，税前造价不包含增值税的进项税额

【答案】D

【解析】本题考查的是建筑安装工程费用定额。采用一般计税法时，税前造价不包含增值税的进项税额。

【例题2·单选】关于建筑安装工程费用中建筑业增值税的计算，下列表述中正确的是(　　)。

A. 当采用简易计税时，税前造价中的各费用项目均以不包括增值税可抵扣进项税税额的价格计算
B. 甲供工程，要求全部设备、材料由工程发包方自行采购
C. 一般纳税人为建筑工程老项目提供的建筑服务，可以选择适用一般计税方法计税
D. 一般纳税人以清包工方式提供的建筑服务，应选择适用简易计税方法计税

【答案】C

【解析】简易计税方法主要适用于以下几种情况：关于A选项，税前造价各费用项目均以包含增值税进项税税额的含税价格计算。关于B选项，甲供工程是指全部或部分设备、材料、动力由工程发包方自行采购的建筑工程。关于C选项，一般纳税人为建筑工程老项目提供的建筑服务，可以选择适用一般计税方法计税。关于D选项，一般纳税人以清包工方式提供的建筑服务，可以选择适用简易计税方法计税。

第七节　工程造价信息及应用

知识图谱

```
                              ┌─ 工程造价信息及其主要内容
                              │
                              ├─ 工程造价指数
                              │
        工程造价信息及应用 ────┼─ 工程造价信息的动态管理
                              │
                              ├─ 信息技术在工程计价与计量中的应用
                              │
                              └─ BIM技术与工程造价
```

一、工程造价信息及其主要内容

考点速览

1. 工程造价信息的概念和特点

考点一：工程造价信息的概念
工程造价信息是一切有关工程计价的工程特征、状态及其变动消息的组合。

考点二：工程造价信息的特点
工程造价信息的特点包括区域性、多样性、专业性、系统性、动态性和季节性。

(1) 区域性。
建筑材料大多重量大、体积大、产地远离消费地点，因而运输量大，费用也较高。

(2) 多样性。
建设工程具有多样性的特点。

(3) 专业性。
工程造价信息的专业性集中反映在建设工程的专业化上，如水利、电力、铁道、公路等工程，所需的信息有其专业特殊性。

(4) 系统性。
工程造价信息是若干具有特定内容和同类性质的、在一定时间和空间内形成的一连串信息。

(5) 动态性。

(6) 季节性。

应验实践

【例题·单选】某类建筑材料本身的价值不高，但所需的运输费用却很高，该类建筑材料的价格信息一般具有较明显的(　　)。
A. 专业性　　　B. 季节性　　　C. 区域性　　　D. 动态性
【答案】C
【解析】区域性：建筑材料重量大、体积大、产地远离消费地点，运输量大、费用高。建筑材料客观上尽可能就近使用，其信息的交换和流通往往限制在一定区域内。

2. 工程造价信息包括的主要内容

最能体现信息动态性变化特征，并且在工程价格的市场机制中起重要作用的工程造价信息主要包括价格信息、工程造价指标和工程造价指数三类。

考点一：价格信息
包括各种建筑材料、装修材料、安装材料、人工工资、施工机具等的最新市场价格。这些信息是比较初级的，一般没有经过系统的加工处理，也可以称其为数据。

① 人工价格信息。我国自 2007 年起开展建筑工程实物工程量与建筑工种人工成本信息(也即人工价格信息)的测算和发布工作。

② 在材料价格信息的发布中,应披露材料类别、规格、单价、供货地区、供货单位以及发布日期等信息。

③ 施工机具价格信息。主要内容为施工机具价格信息,又分为设备市场价格信息和设备租赁市场价格信息两部分。相对而言,后者对于工程计价更为重要。

考点二：工程造价指标

根据已完或在建工程的各种造价信息,经过统一格式及标准化处理后的造价数值,可用于对已完或者在建工程的造价分析以及拟建工程的计价依据。

考点三：工程造价指数

工程造价指数是反映一定时期价格变化对工程造价影响程度的指数,包括各种**单项价格指数、设备工器具价格指数、建筑安装工程造价指数、建设项目或单项工程造价指数**。

考点四：工程造价信息服务方式改革的主要任务

① 明晰政府与道场的服务边界,明确政府提供的工程造价信息服务清单,鼓励社会力量开展工程造价信息服务,探索政府购买服务,构建多元化的工程造价信息服务方式。

② 建立工程造价信息化标准体系。编制工程造价数据交换标准,打破信息孤岛,奠定造价信息数据共享基础。建立国家工程造价数据库,开展工程造价数据积累,提升公共服务能力。制定工程造价指标指数编制标准,抓好造价指标指数测算发布工作。

应验实践

【例题·单选】最能体现信息动态性变化特征,并且在工程价格的市场机制中起重要作用的工程造价信息主要包括( )。

A. 工程造价指数、在建工程信息和已完工程信息
B. 价格信息、工程造价指数和工程造价指标
C. 人工价格信息、材料价格信息、机械价格信息及在建工程信息
D. 价格信息、工程造价指数及刚开工的工程信息

【答案】B

【解析】本题考查的是工程造价信息及应用最能体现信息动态性变化特征,并且在工程价格市场机制中起着重要作用的工程造价信息,包括价格信息、工程造价指数和工程造价指标三类。

二、工程造价指数

考点速览

1. 工程造价指数的概念及其编制的意义

考点一：工程造价指数的概念

工程造价指数是一定时期的建设工程造价相对于某一固定时期工程造价的比值。用来

增值税.mp4

反映一定时期由于价格变化对工程造价的影响程度,它是调整工程造价价差的依据。工程造价指数反映了报告期与基期相比的价格变动趋势。

考点二:工程造价指数编制的意义
① 可以利用工程造价指数分析价格变动趋势及其原因。
② 可以利用工程造价指数预计宏观经济变化对工程造价的影响。
③ 工程造价指数是工程发承包双方进行工程估价和结算的重要依据。

考点三:指数的分类(补充)

现象范围	个体指数	个别现象变动情况的指数
	总指数	反映不同度量的现象动态变化的指数
现象的性质	数量指标指数	总的规模和水平变动情况的指数,如销售量指数、职工人数指数
	质量指标指数	综合反映现象相对水平或平均水平变动情况的指数,如成本指数、价格指数、平均工资水平指数
采用的基期	定基指数	指各个时期指数都是采用同一固定时期为基期计算的,表明社会经济现象对某一固定基期的综合变动程度的指数
	环比指数	是以前一时期为基期计算的指数,表明社会经济现象对上一期或前一期的综合变动的指数
编制的方法	综合指数	综合指数是总指数的基本形式。编制综合指数的目的综合测定由不同度量单位的许多商品或产品所组成的复杂现象总体数量方面的总动态,先相加再相除
	平均数指数	平均数指数是综合指数的变形。所谓平均数指数是以个体指数为基础,通过对个体指数计算加权平均数编制的总指数

2. 工程造价指数的内容及特征

考点一:各种单项价格指数
包括反映各类工程的人工费、材料费、施工机具使用费报告期价格对基期价格的变化程度的指标。其计算过程可以简单表示为报告期价格与基期价格之比。
依次类推,可以把各种费率指数也归于其中,如企业管理费指数,甚至工程建设其他费用指数等。这些费用指数的编制可以直接用报告期费率与基期费率之比求得。
很明显,这些单项价格指数都属于个体指数。

考点二:设备、工器具价格指数
建筑安装工程造价指数也是一种总指数,其中包括人工费指数、材料费指数、施工机具使用费指数以及企业管理费等各项个体指数的综合影响。

考点三:建筑安装工程造价指数
用平均数指数的形式来表示。

考点四:建设项目或单项工程造价指数
该指数是由设备、工器具价格指数,建筑安装工程造价指数,工程建设其他费用指数综合得到的。它也属于总指数。

应验实践

【例题·多选】下列工程造价指数中,用平均指数形式编制的总指数有( )。
  A. 工程建设其他费率指数
  B. 设备、工器具价格指数
  C. 建筑安装工程价格指数
  D. 单项工程造价指数
  E. 建设项目造价指数

【答案】CDE

【解析】本题考查的是工程造价指数。选项 A 属于个体指数。选项 B 属于综合指数。

三、工程造价信息的动态管理

考点速览

考点：工程造价信息管理的基本原则

原则	说明
标准化	分类统一、流程规范,做到格式化和标准化
有效性	针对不同管理者的要求进行适当加工,针对不同管理层提供不同要求和浓缩程度的信息。保证信息产品对决策支持的有效性
定量化	信息应该经过信息处理人员的比较与分析,采用定量工具对数据进行分析和比较
时效性	保证信息产品能够及时服务于决策
高效处理	采用高性能的信息处理工具(工程造价信息管理系统),缩短信息在处理过程中的延迟

应验实践

【例题·单选】"工程造价信息应针对不同层次管理者的要求进行适当加工,针对不同管理层提供不同要求和浓缩程度的信息"。这体现了工程造价信息管理应遵循的( )原则。
  A. 标准化   B. 有效性   C. 定量化   D. 高效处理

【答案】B

【解析】本题考查的是工程造价信息的动态管理。有效性原则：工程造价信息应针对不同层次管理者的要求进行适当加工,针对不同管理层提供不同要求和浓缩程度的信息。这一原则是为了保证信息产品对于决策支持的有效性。

四、信息技术在工程计价与计量中的应用

考点速览

考点一：工程计价

工程计价软件不仅能够完成概预算的编制工作以及结算的审核工作，还可以对概预算的定额进行编制，并能完成单位估价表的编制。

国内的计价软件都同时具有清单计价模式和定额计价模式，支持招标形式和投标形式。

考点二：工程计量

自动计算工程量软件按照支持的图形维数的不同分为两类，即二维算量软件和三维算量软件。自动计算工程量软件内置了工程量清单计算规则，通过计算机对图形的自动处理，实现工程量自动计算。

五、BIM技术与工程造价

考点速览

考点一：BIM技术的特点

特点	含义
可视化	不仅可以用来生成效果图的展示及报表，更重要的是，项目设计、建造、运营过程中的沟通、讨论、决策都在可视化的状态下进行
协调性	BIM建筑信息模型可在建筑物建造前期对各专业的碰撞问题进行协调，生成协调数据，并在模型中生成解决方案
模拟性	模拟性并不是只能模拟设计出建筑物模型，还可以模拟不能够在真实世界中进行操作的事物，如四维模拟、五维模拟
互用性	所有数据只需要一次性采集或输入，就可以在整个建筑物的全生命周期中实现信息的共享、交换与流动
优化性	在BIM的基础上可以做更好的优化，包括项目方案优化、特殊项目的设计优化等

应验实践

【例题·多选】BIM技术的特点有(　　)。
　　A. 可视化　　　　　　B. 协调性　　　　　　C. 模拟性
　　D. 优化性　　　　　　E. 全面性
【答案】ABCD
【解析】BIM技术的特点是可视化、协调性、模拟性、互用性和优化性。

考点二：BIM 技术对工程造价管理的价值
① 提高了工程量计算的准确性和效率。
② 提高了设计效率和质量。
③ 提高工程造价分析能力。
④ BIM 技术真正实现了造价全过程管理。

应验实践

【例题·单选】BIM 技术对工程造价管理的主要作用在于( )。
　A. 工程量清单项目划分更合理
　B. 工程量计算更准确、高效
　C. 综合单价构成更合理
　D. 措施项目计算更可行

【答案】B
【解析】见考点二。

工程造价指数.mp4

考点三：BIM 技术在工程造价管理各阶段的应用

建筑信息模型作为建筑信息的集成体，可以很好地在项目各方之间传递信息，以降低成本。

在项目不同阶段，不同利益相关方通过在 BIM 中插入、提取、更新和修改信息，以支持和反映其各自职责的协同作业。

阶　段	作　用
决策	带来项目投资分析效率的极大提升，BIM 技术在投资造价估算和投资方案选择方面大有作为
设计	对设计方案进行优选或限额设计，设计模型的多专业一致性检查、设计概算、施工图预算的编制管理和审核环节的应用，实现对造价的有效控制
招投标	工程量自动计算，形成准确的工程量清单。有利于招标方控制造价和投标方报价的编制，提高工作的效率和准确性，并为后续的工程造价管理和控制提供基础数据
施工过程	在施工之前就可以通过建筑信息模型确定不同时间节点的施工进度与施工成本，可以直观地按月、按周、按日观察到项目的具体实施情况，并得到该时间节点的造价数据，方便项目的实时修改调整，实现限额领料施工；最大程度地体现造价控制的效果
竣工结算	有助于提高结算效率，同时可以随时查看变更前后的模型进行对比分析，避免结算时描述不清，从而加快结算和审核速度

应验实践

【例题·单选】BIM 技术在施工过程中的应用包括( )。
　A. 高效准确地估算出规划项目的总投资额
　B. 通过 BIM 技术对设计方案进行优选或限额设计

C. 进行工程量自动计算、统计分析，形成准确的工程量清单
D. 通过建筑信息模型确定不同时间节点的施工进度与施工成本

【答案】D

【解析】在施工之前就可以通过建筑信息模型确定不同时间节点的施工进度与施工成本，可以直观地按月、按周、按日观察到项目的具体实施情况，并得到该时间节点的造价数据，方便项目的实时修改调整，实现限额领料施工；最大程度地体现造价控制的效果。

第五章

工程决策和设计阶段造价管理

章节导学

BIM 技术的特点记忆口诀.mp4

第一节 概 述

知识图谱

一、工程决策和设计阶段造价管理的工作内容

考点速览

工程决策和设计阶段工程造价管理工作的质量对于工程项目建设的成功与否具有决定性的影响。

阶段划分	项目管理工作程序	工程造价管理工作内容	造价偏差控制
决策阶段	①投资机会研究	投资估算	±30%以内
	②项目建议书		±30%以内
	③初步可行性研究		±20%以内
	④详细可行性研究		±10%以内
设计阶段	①方案设计		±10%以内
	②初步设计	设计概算	±5%以内
	③技术设计	修正概算	±5%以内
	④施工图设计	施工图概算	±3%以内

应验实践

【例题1·单选】关于我国项目前期各阶段投资估算的精度要求，下列说法中正确的是(　　)。

A. 项目建议书阶段，允许误差大于±30%
B. 投资设想阶段，要求误差控制在±30%以内
C. 预可行性研究阶段，要求误差控制在±20%以内
D. 可行性研究阶段，要求误差控制在±15%以内

【答案】C

【解析】A选项，项目建议书阶段，要求误差控制在±30%以内。D选项，可行性研究阶段，要求误差控制在±10%以内。C选项，预可行性阶段即为初步可行性研究阶段。

【例题2·单选】详细的可行性研究阶段投资估算的要求为误差控制在±(　　)%以内。

A. 5　　　　B. 10　　　　C. 15　　　　D. 20

【答案】B

【解析】投资决策是一个由浅入深、不断深化的过程，不同阶段决策的深度不同，投资估算的精度也不同。例如，在投资机会和项目建议书阶段，投资估算的误差率在±30%以内；而在详细可行性研究阶段，误差率在±10%以内。

1. 工程决策阶段造价管理的工作内容

在我国，建设工程项目投资决策阶段项目管理工作一般包括投资机会研究、项目建议书、初步可行性研究、详细可行性研究等几个主要工作阶段，相应的工程造价管理工作统称为投资估算。

考点一：投资机会研究、项目建议书阶段的投资估算

投资机会研究阶段其投资估算依据的资料比较粗略，投资额通常是通过与已建类似项目的对比得来的，投资估算额度的偏差率应控制在±**30%**以内。

考点二：初步可行性研究阶段的投资估算

该阶段是介于项目建议书和详细可行性研究之间的中间阶段，投资估算额度的偏差率一般要求控制在±**20%**以内。

考点三：详细可行性研究阶段的投资估算

该阶段研究内容较详尽，投资估算额度的偏差率应控制在±10%以内。这一阶段的投资估算是项目可行性论证、选择最佳投资方案的主要依据，也是编制设计文件的主要依据。

2. 工程设计阶段造价管理的工作内容

按照我国建设行业对建设工程项目设计的阶段划分，有"两阶段设计""三阶段设计""四阶段设计"的划分方法。

两阶段设计：一般工业与民用建设工程项目的设计工作可按初步设计和施工图设计两个阶段进行。

三阶段设计：对于技术上复杂又缺乏设计经验的项目，可按初步设计、技术设计和施工图设计进行。

四阶段设计：对于大型复杂的，对国计民生影响重大的建设工程项目，在初步设计之前，还应增加方案设计阶段。

考点一：方案设计阶段的投资估算

方案设计是在项目投资决策立项之后，将可行性研究阶段提出的问题和建议，经过项目咨询机构和业主单位共同研究，形成具体、明确的项目建设实施方案的策划性设计文件，其深度应当满足编制初步设计文件的需要。

考点二：初步设计阶段的设计概算

初步设计(也称为基础设计)，是施工图设计的基础。

设计概算一经批准，即作为控制拟建项目工程造价的最高限额。

考点三：技术设计阶段的修正概算

技术设计(也称为扩大初步设计)是初步设计的具体化，也是各种技术问题的定案阶段。技术设计时如果对初步设计中所确定的方案有所更改，应对更改部分编制修正概算。

考点四：施工图设计阶段的施工图预算

施工图设计(也称为详细设计)的主要内容是根据批准的初步设计(或技术设计)，绘制出正确、完整和尽可能详细的建筑图纸、安装图纸，包括建设项目部分工程的详图、零部件结构明细表、验收标准和方法等。

二、工程决策和设计阶段造价管理的意义

考点速览

考点：项目决策阶段对项目投资和使用功能具有决定性的影响
① 提高资金利用效率和投资控制效率。
② 使工程造价管理工作更主动。
③ 促进技术与经济相结合。
④ 在工程决策和设计阶段控制造价效果更显著。

三、工程决策和设计阶段造价管理的主要影响因素

考点速览

1. 工程决策阶段造价管理的主要影响因素

工程决策阶段影响造价的主要因素有项目建设规模、建设地区及地点(厂址)、技术方案、设备方案、工程方案和环境保护措施等。

考点一：项目建设规模

项目规模的合理选择关系着项目的成败，决定着工程造价合理与否，其制约因素有市场因素、技术因素和政策因素等。

(1) 市场因素。

市场因素是项目规模确定中需考虑的首要因素。

首先，项目产品的市场需求状况是确定项目生产规模的前提。

其次，原材料市场、资金市场、劳动力市场等对项目规模的选择起着不同程度的制约作用。

(2) 技术因素。

其包括生产技术和管理技术两个方面。

先进适用的生产技术及技术装备是项目规模效益赖以存在的基础，而相应的管理技术水平则是实现规模效益的保证。

(3) 政策因素。

政策因素包括产业政策、投资政策、技术经济政策、国家和地区及行业经济发展规划等。

(4) 建设规模方案比选。

在对以上三方面进行充分考核的基础上，应确定相应的产品方案、产品组合方案和项目建设规模。

考点二：建设地址选择

一般情况下，确定某个建设项目的地址需要经过建设地区选择和建设地点选择(厂址选择)两个不同层次的、相互联系又相互区别的工作阶段。

(1) 建设地区的选择。

具体要考虑规划发展要求、环境和水文特点、区域技术经济水平、劳动力供应等因素。

(2) 建设地点(厂址)的选择。

考点三：生产技术方案

生产技术方案指产品生产所采用的工艺流程和生产方法。生产技术方案不仅影响项目的建设成本，也影响项目建成后的运营成本。

考点四：设备方案

在生产工艺流程和生产技术确定后，就要根据产品生产规模和工艺过程的要求，选择设备的型号和数量。设备的选择与技术密切相关，两者必须匹配。没有先进的技术，再好的设备也无法发挥作用，没有先进的设备，技术的先进性则无法体现。

考点五：工程方案

工程方案构成项目的实体。工程方案选择是在已选定项目建设规模、技术方案和设备方案的基础上，研究论证主要建筑物、构筑物的建造方案，包括对于建造标准的确定。

考点六：环境保护措施

在确定建设地址和技术方案中，调查研究环境条件，识别和分析拟建项目影响环境的因素，研究提出治理和保护环境的措施，比选和优化环境保护方案。

应验实践

【例题1·多选】决策阶段影响工程造价的主要因素包括(　　)。
A. 项目建设规模　　　　　B. 技术方案
C. 设备方案　　　　　　　D. 外部协作条件
E. 环境保护措施

【答案】ABCE

【解析】工程决策阶段影响造价的主要因素有项目建设规模、建设地区及地点(厂址)、技术方案、设备方案、工程方案和环境保护措施等。

投资决策阶段偏差控制数值连环记忆.mp4

【例题2·单选】确定项目建设规模时，应该考虑的首要因素是(　　)。
A. 市场因素　　　　　　　B. 生产技术因素
C. 管理技术因素　　　　　D. 环境因素

【答案】A

【解析】市场因素是确定建设规模需要考虑的首要因素。

2. 工程设计阶段造价管理的主要影响因素

考点一：工业项目

(1) 总平面设计。

总平面设计中影响工程造价的因素有占地面积、功能分区和运输方式。

不同阶段造价偏差的数值.mp4

(2) 工艺设计。

工业项目的产品生产工艺设计是工程设计的核心。

在工艺设计过程中，影响工程造价的因素主要包括生产方法、工艺流程和设备选型。

(3) 建筑设计。

在建筑设计阶段影响工程造价的主要因素有平面形状、流通空间、层高、建筑物层数、柱网布置、建筑物的体积与面积和建筑结构类型。

一般来说，建筑物平面形状越简单、越规则，它的单位面积造价就越低。

建筑物周长与建筑面积比 $K_{周}$(即单位建筑面积的外墙长度系数)越低，设计越经济。

在建筑面积不变的情况下，建筑层高增加会引起各项费用的增加。

建筑物层数对造价的影响，因建筑类型、形式和结构不同而不同。如果增加一个楼层不影响建筑物的结构形式，单位建筑面积的造价可能会降低。

对于单跨厂房，当柱间距不变时，跨度越大，单位面积造价越低。
对于多跨厂房，当跨度不变时，中跨数量越多越经济。
要采用大跨度、大柱距的大厂房平面设计形式，提高平面利用系数。

考点二：民用项目
(1) 居住小区规划。
居住小区规划中影响工程造价的主要因素有占地面积和建筑群体的布置形式。
(2) 住宅建筑设计。
住宅建筑设计中影响工程造价的主要因素有建筑物平面形状和周长系数、层高和净高、层数、单元组成、户型和住户面积、建筑结构等。
层高设计中还需考虑采光与通风问题，层高过低不利于采光及通风，因此民用住宅的层高一般不宜低于 2.8m。
随着住宅层数的增加，单方造价系数在逐渐降低，即层数越多越经济。

应验实践

【例题1·多选】总平面设计中，影响工程造价的主要因素包括(　　)。
  A. 现场条件　　　　B. 占地面积　　　　C. 工艺设计
  D. 功能分区　　　　E. 柱网布置
【答案】BD
【解析】总平面设计中影响工程造价的主要因素包括占地面积、功能分区、运输方式。

【例题2·单选】关于建筑设计对工程项目造价的影响，下列说法中正确的是(　　)。
  A. 建筑周长系数越高，单位面积造价越低
  B. 单跨厂房柱间距不变，跨度越大，单位面积造价越低
  C. 多跨厂房跨度不变，中跨数目越多，单位面积造价越高
  D. 大中型工业厂房一般选用砌体结构来降低工程造价
【答案】B
【解析】通常情况下，建筑周长系数越低，设计越经济，A 选项错误；对于单跨厂房，当柱间距不变时，跨度越大单位面积造价越低，B 选项正确；对于多跨厂房，当跨度不变时，中跨数目越多越经济，C 选项错误；对于大中型工业厂房，一般选用钢筋混凝土结构，D 选项错误。

四、建设项目可行性研究及其对工程造价的影响

考点速览

考点一：可行性研究的概念
① 对社会、经济、技术等方面进行调查研究。
② 对各拟建方案进行技术经济分析、比较和论证。
③ 对建成后效益进行预测和评价。
④ 研究项目的可能性与可行性。

⑤ 作出是否投资与如何投资的意见。

考点二：可行性研究报告的作用
① 作为投资主体投资决策的依据。
② 作为向当地政府或城市规划部门申请建设执照的依据。
③ 作为环保部门审查建设项目对环境影响的依据。
④ 作为编制设计任务书的依据。
⑤ 作为安排项目计划和实施方案的依据。
⑥ 作为筹集资金和向银行申请贷款的依据。
⑦ 作为编制科研实验计划和新技术、新设备需用计划及大型专用设备生产预安排的依据。
⑧ 作为从国外引进技术、设备以及与国外厂商谈判签约的依据。
⑨ 作为与项目协作单位签订经济合同的依据。
⑩ 作为项目后评价的依据。

考点三：可行性研究报告的内容
(略)

考点四：建设项目经济评价
(1) 财务评价。
财务评价是在国家现行财税制度和价格体系的前提下，从项目的角度出发，计算项目范围内的财务效益和费用，分析项目的盈利能力和清偿能力，评价项目在财务上的可行性。
(2) 经济效果评价。
经济效果评价是在合理配置社会资源的前提下，从国家经济整体利益的角度出发，计算项目对国民经济的贡献，分析项目的经济效率、效果和对社会的影响，评价项目在宏观经济上的合理性。

考点五：可行性研究对工程造价的影响
① 项目可行性研究结论的正确性是工程造价合理性的前提。
② 项目可行性研究的内容是决定工程造价的基础。
③ 工程造价高低、投资多少也影响可行性研究结论。
④ 可行性研究的深度影响投资估算的精确度，也影响工程造价的控制效果。

第二节　投资估算的编制

知识图谱

投资估算的编制
- 投资估算的概念及作用
- 投资估算的编制内容及依据
- 投资估算的编制方法
- 投资估算的文件组成
- 投资估算的审核

一、投资估算的概念及作用

考点速览

1. 投资估算的概念

投资决策阶段,对拟建项目所需投资的测算和估计形成投资估算文件的过程,是进行建设项目技术经济分析与评价和投资决策的基础。

2. 投资估算的作用

① 投资机会研究与项目建议书阶段:是项目主管部门审批项目建议书的依据之一,并对项目的规划、规模起参考作用。

② 可行性研究阶段:是项目投资决策的重要依据,也是研究、分析、计算项目投资经济效果的重要条件。

③ 方案设计阶段:是项目具体建设方案技术经济分析、比选的依据。该阶段的投资估算一经确定,即成为限额设计的依据,用于对各专业设计实行投资切块分配,作为控制和指导设计的尺度。

④ 可作为项目资金筹措及制订建设贷款计划的依据,建设单位可根据批准的项目投资估算额,进行资金筹措和向银行申请贷款。

⑤ 是核算建设项目固定资产投资需要额和编制固定资产投资计划的重要依据。

⑥ 是建设工程设计招标、优选设计单位和设计方案的重要依据。

应验实践

【例题·单选】关于项目投资估算的作用,下列说法中正确的是( )。

A. 项目建议书阶段的投资估算,是确定建设投资最高限额的依据

B. 可行性研究阶段的投资估算,是项目投资决策的重要依据,不得突破

C. 投资估算不能作为制订建设贷款计划的依据

D. 投资估算是核算建设项目固定资产需要额的重要依据

【答案】D

【解析】A 选项,项目建议书阶段的投资估算是编制项目规划、确定建设规模的参考依据;B 选项,项目可行性研究阶段的投资估算是项目投资决策的重要依据,当可行性研究报告被批准后,其投资估算额将作为设计任务书中下达的投资限额,即建设项目投资的最高限额,不能随意突破;C 选项,项目投资估算可作为项目资金筹措及制订建设贷款计划的依据。

二、投资估算的编制内容及依据

考点速览

1. 编制内容

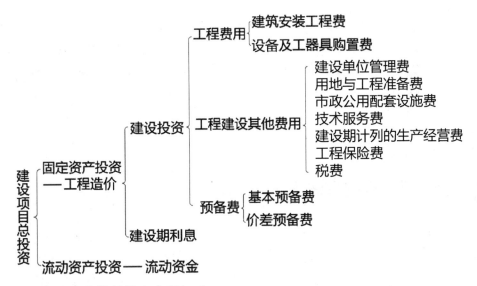

建设项目投资估算的基本步骤如下。
① 分别估算各单项工程所需的建筑工程费、设备及工器具购置费、安装工程费。
② 在汇总各单项工程费用的基础上,估算工程建设其他费用和基本预备费。
③ 估算价差预备费。
④ 估算建设期利息。
⑤ 估算流动资金。
⑥ 汇总出总投资。

2. 编制依据

① 国家、行业和地方政府的有关规定。
② 拟建项目建设方案确定的各项工程建设内容。
③ 工程勘察与设计文件或有关专业提供的主要工程量和主要设备清单。
④ 行业部门、项目所在地工程造价管理机构或行业协会等编制的投资估算指标、概算指标(定额)、工程建设其他费用定额(规定)、综合单价、价格指数和有关造价文件等。
⑤ 类似工程的各种技术经济指标和参数。
⑥ 工程所在地的工、料、机市场价格,建筑、工艺及附属设备的市场价格和有关费用。
⑦ 政府有关部门、金融机构等部门发布的价格指数、利率、汇率、税率等有关参数。
⑧ 与项目建设相关的工程地质资料、设计文件、图纸等。
⑨ 其他技术经济资料。

应验实践

【例题·单选】投资估算的主要工作包括：①估算预备费；②估算工程建设其他费；③估算工程费用；④估算设备购置费。其正确的工作步骤是( )。

A. ③④②①
B. ③④①②
C. ④③②①
D. ④③①②

【答案】C

【解析】建设项目投资估算的基本步骤如下。

① 分别估算各单项工程所需的建筑工程费、设备及工器具购置费、安装工程费。
② 在汇总各单项工程费用的基础上，估算工程建设其他费用和基本预备费。
③ 估算价差预备费。
④ 估算建设期利息。
⑤ 估算流动资金。
⑥ 汇总出总投资。

三、投资估算的编制方法

考点速览

1. 项目建议书阶段的投资估算

投资机会研究和项目建议书阶段，投资估算的精度低，可采取简单的匡算法，如单位生产能力法、生产能力指数法、系数估算法、比例估算法、指标估算法等。

在可行性研究阶段，投资估算精度要求就要比前一阶段高些，需采用相对详细的估算方法，如指标估算法等。

考点一：单位生产能力估算法(误差较大，可达±30%)

$$C_2 = \left(\frac{C_1}{Q_1}\right) \cdot Q_2 f$$

式中 C_1——已建类似项目的静态投资额；
C_2——拟建项目静态投资额；
Q_1——已建类似项目的生产能力；
Q_2——拟建项目的生产能力；
f——不同时期、不同地点的定额、单价、费用变更等的综合调整系数。

应验实践

【例题·单选】对某地区拟于 2015 年新建年产 60 万 t 产品的生产线，该地区 2013 年建成的年产 50 万 t 相同产品的生产线的建设投资额为 5000 万元。假定 2013—2015 年该地区工程造价年均递增5%，则该生产线的建设投资为( )万元。

A. 6000　　　B. 6300　　　C. 6600　　　D. 6615

【答案】D

【解析】本题考查的是投资估算的编制方法。该生产线的建设投资 $=5000\times(60/50)\times(1+5\%)^2=6615$(万元)。

考点二：生产能力指数法

生产能力指数法又称指数估算法，它是根据已建成的类似项目生产能力和投资额来粗略估算拟建项目投资额的方法，是对单位生产能力估算法的改进。

$$C_2 = C_1 \cdot \left(\frac{Q_2}{Q_1}\right)^x \cdot f$$

式中　X——生产能力指数；

其他符号含义同前。

上式表明造价与规模(或容量)呈非线性关系，且单位造价随工程规模(或容量)的增大而减小。在正常情况下，$0 \leq X \leq 1$。

若已建类似项目的生产规模与拟建项目生产规模相差不大，Q_1 与 Q_2 比值为 0.5~2.0，则指数 X 的取值近似为 1。

若已建类似项目的生产规模与拟建项目生产规模相差不大于 50 倍，且拟建项目生产规模的扩大仅靠增大设备规模来达到时，则 X 的取值为 0.6~0.7；若是靠增加相同规格设备的数量达到时，X 的取值为 0.8~0.9。

生产能力指数法主要应用于拟建装置或项目与用来参考的已知装置或项目的规模不同的场合。

投资估算的作用.mp4

应验实践

【例题1·单选】某地区2016年拟建年产50万t产品的工业项目，预计建设期为3年。该地区2013年已建年产40万t的类似项目投资为2亿元。已知生产能力指数为0.9，该地区2013年、2016年同类工程造价指数分别为108、112，预计拟建项目建设期内工程造价年上涨率为5%。用生产能力指数法估算的拟建项目静态投资为( )亿元。

A. 2.54　　　B. 2.74　　　C. 2.75　　　D. 2.94

【答案】A

【解析】本题考查的是投资估算的编制方法。拟建项目静态投资 $=2\times(50/40)^{0.9}\times112/108=2.54$。

【例题2·单选】2014年已建成年产10万t的某钢厂，其投资额为4000万元，2018年拟建生产50万t的钢厂项目，建设期为2年。自2014年至2018年每年平均造价指数递增4%，预计建设期两年平均造价指数递减5%，估算拟建钢厂的静态投资额为( )万元(生产能力指数取0.8)。

A. 16958　　　B. 16815　　　C. 14496　　　D. 15304

【答案】A

【解析】本题考查的是投资估算的编制方法。综合调整系数$=(1+4\%)^4$，拟建钢厂的静态投资额=4000×(50/10)$^{0.8}$×(1+4%)^4=16958(万元)。

【例题 3·单选】 2016 年已建成年产 20 万 t 的某化工厂，2020 年拟建年产 100 万 t 相同产品的新项目，并采用增加相同规格设备数量的技术方案。若应用生产能力指数法估算拟建项目投资额，则生产能力指数取值的适宜范围是( )。

　　A. 0.4～0.5　　　　　　　　　　B. 0.6～0.7
　　C. 0.8～0.9　　　　　　　　　　D. 0.9～1

【答案】 C

【解析】 本题考查的是投资估算的编制方法。若已建类似项目的生产规模与拟建项目生产规模相差不大，Q_1 与 Q_2 比值为 0.5～2.0，则指数 X 的取值近似为 1。若已建类似项目的生产规模与拟建项目生产规模相差不大于 50 倍，且拟建项目生产规模的扩大仅靠增大设备规模来达到时，则 X 的取值为 0.6～0.7；若是靠增加相同规格设备的数量达到时，X 的取值为 0.8～0.9。

考点三：系数估算法

系数估算法也称为因子估算法，它是以拟建项目的主体工程费或主要设备购置费为基数，以其他工程费与主体工程费或设备购置费的百分比为系数，依此估算拟建项目总投资的方法。

考点四：比例估算法

根据统计资料，先求出已有同类企业主要设备投资占全厂投资的比例，然后再估算出拟建项目的主要设备投资，即可按比例求出拟建项目的建设投资。

考点五：指标估算法

指标估算法是依据投资估算指标，对各单位工程或单项工程费用进行估算，进而估算建设项目总投资，再按相关规定估算工程建设其他费用、基本预备费、建设期利息等，形成拟建项目静态投资。

应验实践

【例题·单选】 以拟建项目的主体工程费或主要工艺设备费为基数，以其他辅助或配套工程费占主体工程费的百分比为系数，估算项目总投资的方法叫( )。

　　A. 类似项目对比法　　　　　　　B. 系数估算法
　　C. 生产能力指数法　　　　　　　D. 比例估算法

【答案】 B

【解析】 系数估算法也称为因子估算法，它是以拟建项目的主体工程费或主要设备购置费为基数，以其他工程费与主体工程费或设备购置费的百分比为系数，依此估算拟建项目总投资的方法。

2. 可行性研究阶段的投资估算

建设项目可行性研究阶段投资估算原则上应采用指标估算法。对投资有重大影响的主体工程应估算出分部分项工程量，参考相关概算指标或概算定额编制主要单项工程的投资估算。

考点一：建筑工程费用估算

建筑工程费用是指为建造永久性建筑物和构筑物所需要的费用，一般采用单位建筑工程投资估算法、单位实物工程量投资估算法、概算指标投资估算法等进行估算。

① 单位建筑工程投资估算法，以单位建筑工程量投资乘以建筑工程总量计算。

一般工业与民用建筑以单位建筑面积(m^2)的投资、工业窑炉砌筑以单位容积(m^3)的投资、水库以水坝单位长度(m)的投资、铁路路基以单位长度(km)的投资、矿上掘进以单位长度(m)的投资，乘以相应的建筑工程量计算建筑工程费。

这种方法可以进一步分为单位长度价格法、单位面积价格法、单位容积价格法和单位功能价格法。

② 单位实物工程量投资估算法，以单位实物工程量的投资乘以实物工程总量计算。

③ 概算指标投资估算法，对于没有上述估算指标且建筑工程费占总投资比例较大的项目，可采用概算指标估算法。

考点二：设备购置费估算

考点三：工程建设其他费用估算

考点四：基本预备费估算

基本预备费的估算一般是以建设项目的工程费用和工程建设其他费用之和为基础，乘以基本预备费率进行计算。

上述各项费用是不随时间的变化而变化的费用，故称为静态投资部分。

单位生产能力估算法.mp4

考点五：价差预备费

价差预备费的内容包括人工、设备、材料、施工机械的价差费，建筑安装工程费及工程建设其他费用调整，利率、汇率调整等增加的费用。

价差预备费一般根据国家规定的投资综合价格指数，按估算年份价格水平的投资额为基数，采用复利方法计算。计算公式为

$$P = \sum_{t=1}^{n} I_t \left[(1+f)^m (1+f)^{0.5} (1+f)^{t-1} - 1 \right]$$

式中　P——价差预备费，万元；

　　　n——建设期，年；

　　　I_t——静态投资部分第 t 年投入的工程费用，万元；

　　　f——年涨价率，%；

　　　m——建设前期年限(从编制估算到开工建设)，年；

　　　t——年数。

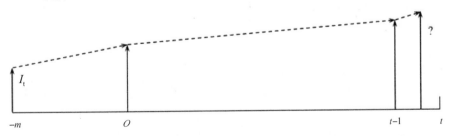

【对比】基本预备费的计算基数为工程费用和工程建设其他费用，价差预备费和建设期利息是随时间的变化而变化的费用，故称为动态投资部分。

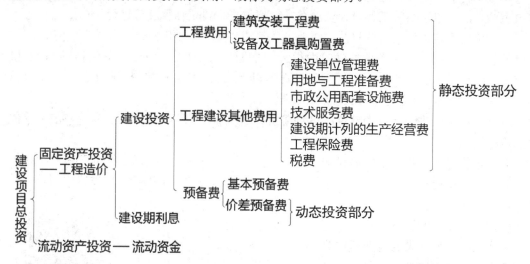

【例题1·单选】某建设项目建筑安装工程费8000万元，设备购置费4500万元，工程建设其他费用3000万元，已知基本预备费费率为5%，项目建设前期年限为1年，建设期为3年，各年投资计划额为：第一年完成投资30%，第二年为50%，第三年为20%。年均投资价格上涨率为5%，该建设项目建设期间价差预备费应为(　　)万元。

生产能力指数法.mp4

　A. 1055.65　　　　　　　　　　B. 2032.50
　C. 2052.52　　　　　　　　　　D. 4882.50

【答案】B

【解析】基本预备费=(8000+4500+3000)×5%=775(万元)

静态投资额=8000+4500+3000+775=16275(万元)

建设期第一年完成静态投资=16275×30%=4882.5(万元)

第一年价差预备费为：$P_1=I_1[(1+f)(1+f)^{0.5}-1]=370.73(万元)$

第二年完成静态投资=16275×50%=8137.5(万元)

第二年价差预备费为：$P_2=I_2[(1+f)(1+f)^{0.5}(1+f)-1]=1055.65(万元)$

第三年完成静态投资=16275×20%=3255(万元)

第三年价差预备费为：$P_3=I_3[(1+f)(1+f)^{0.5}(1+f)^2-1]=606.12(万元)$

所以建设期的价差预备费为：$P=370.73+1055.65+606.12=2032.50(万元)$

【例题2·单选】某建设项目静态投资20000万元，项目建设前期年限为1年，建设期为2年，计划每年完成投资50%，年均投资价格上涨率为5%，该项目建设期价差预备费为(　　)万元。

　A. 1006.25　　　B. 1525.00　　　C. 2056.56　　　D. 2601.25

【答案】C

【解析】本题考查的是可行性研究阶段的投资估算。第一年的价差预备费=10000×[(1+5%)$^{1+1-0.5}$-1]=759.30(万元)，第二年的价差预备费=10000×[(1+5%)$^{1+2-0.5}$-1]=1297.26(万元)，价差费合计=759.30+1297.26=2056.56(万元)。

【例题3·单选】某建设项目建筑安装工程费为6000万元，设备购置费为1000万元，工程建设其他费用为2000万元，建设期利息为500万元。若基本预备费费率为5%，则该建设项目的基本预备费为( )万元。

  A. 350 B. 400 C. 450 D. 475

【答案】C

【解析】本题考查的是可行性研究阶段的投资估算。基本预备费=(工程费用+工程建设其他费用)×基本预备费费率=(6000+1000+2000)×5%=450(万元)。

考点六：建设期利息估算

建设期利息包括向国内银行和其他非银行金融机构贷款、出口信贷、外国政府贷款、国际商业银行贷款以及在境内外发行的债券等在建设期间应计的借款利息。

建设期利息的估算，根据建设期资金用款计划，可按当年借款在当年年中支用考虑，即当年借款按半年计息，上年借款按全年计息。

建设期各年利息的计算公式为

$$q_j = \left(p_{j-1} + \frac{1}{2}A_j\right) \cdot i \quad j = 1, 2, \cdots, n$$

式中 q_j——建设期第 j 年应计利息；

   P_{j-1}——建设期第 j-1 年年末累计贷款本金与利息之和；

   A_j——建设期第 j 年贷款金额；

   i——年利率；

   n——建设期年数。

建设期利息合计为

$$q = \sum_{j=1}^{n} q_j$$

国外贷款利息的计算，年利率应综合考虑以下两点。

① 银行按照贷款协议向贷款方加收的手续费、管理费、承诺费。

② 国内代理机构向贷款方收取的转贷费、担保费、管理费等。

应验实践

【例题1·单选】某新建项目，建设期为3年，分年度贷款，第一年贷款600万元，第二年贷款900万元，第三年贷款500万元，年利率为6%，建设期利息应为( )万元。

  A. 192.00 B. 109.92 C. 174.00 D. 64.08

【答案】A

【解析】在建设期，各年利息计算如下：

$$q_1 = \frac{1}{2}A_1 \cdot i = \frac{1}{2} \times 600 \times 6\% = 18(万元)$$

$$q_2 = \left(p_1 + \frac{1}{2}A_2\right) \cdot i = \left(600 + 18 + \frac{1}{2} \times 900\right) \times 6\% = 64.08(万元)$$

$$q_3 = \left(p_2 + \frac{1}{2}A_3\right) \cdot i = \left(618 + 900 + 64.08 + \frac{1}{2} \times 500\right) \times 6\% = 109.92(万元)$$

所以建设期利息之和为

$$q = q_1 + q_2 + q_3 = 18 + 64.08 + 109.92 = 192(万元)$$

【例题2·单选】某建设项目工程费用为5000万元，工程建设其他费用为1000万元，基本预备费费率为8%，年均投资价格上涨率为5%，建设期两年，计划每年完成投资为50%，则该项目建设期第二年价差预备费应为(　　)万元。

  A. 160.02　　　　B. 227.79　　　　C. 246.01　　　　D. 326.02

【答案】 C

【解析】基本预备费=(5000+1000)×8%=480(万元)；静态投资=5000+1000+480=6480(万元)；建设期第二年完成投资=6480×50%=3240(万元)；第二年价差预备费=3240×$\{(1+f)^0(1+f)^{0.5}(1+f)^{2-1}-1\}$=246.01(万元)。

【例题3·单选】某项目建设期为2年，第一年贷款3000万元，第二年贷款2000万元，贷款年均衡发放，年利率为8%，建设期内只计息不付息。该项目建设期利息为(　　)。

  A. 366.4　　　　B. 449.6　　　　C. 572.8　　　　D. 659.2

【答案】 B

【解析】第一年建设期利息为 3000/2×8%=120(万元)；第二年建设期利息为 (3000+120+2000/2)×8%=329.6(万元)；120+329.6=449.6(万元)。

3. 流动资金的估算

流动资金也称为流动资产投资，是指生产经营性项目投产后，为进行正常生产运营，用于购买原材料、燃料、支付工资及其他经营费用等所需的**周转资金**。

考点一：分项详细估算法

分项详细估算法是根据项目的流动资产和流动负债，估算项目所占用流动资金的方法。

流动资产的构成要素一般包括存货、库存现金、应收账款和预付账款。

流动负债的构成要素一般包括应付账款和预收账款。

流动资金等于流动资产和流动负债的差额。

可行性研究阶段的流动资金估算应采用分项详细估算法。

考点二：扩大指标估算法

扩大指标估算法简便易行，但准确度不高，适用于项目建议书阶段的估算。

   年流动资金额=年费用基数×各类流动资金率
   年流动资金额=年产量×单位产品产量占用流动资金额

需要注意的是，流动资金属于长期性(永久性)流动资产。其筹措可按自有资本金和长期负债两种方式解决。自有资本金部分一般不能低于流动资金总额的**30%**。

价差预备费公式简化记忆.mp4

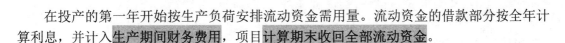

在投产的第一年开始按生产负荷安排流动资金需用量。流动资金的借款部分按全年计算利息,并计入生产期间财务费用,项目计算期末收回全部流动资金。

应验实践

【例题 1·单选】采用分项详细估算法进行流动资金估算时,应计入流动负债的是( )。

A. 预收账款　　　　　　B. 存货
C. 库存资金　　　　　　D. 应收账款

【答案】A

【解析】流动负债=应付账款+预收账款

【例题 2·单选】采用分项详细估算法估算项目流动资金时,流动资产的正确构成是( )。

A. 应付账款+预付账款+存货+年其他费用
B. 应付账款+应收账款+存货+现金
C. 应收账款+存货+预收账款+现金
D. 预付账款+现金+应收账款+存货

【答案】D

【解析】本题考查的是可行性研究阶段的投资估算。流动资产=应收账款+预付账款+存货+库存现金;流动负债=应付账款+预收账款。

四、投资估算的文件组成

考点速览

投资估算文件一般由封面、签署页、编制说明、投资估算分析、总投资估算表、单项工程投资估算表、主要技术经济指标等内容组成。

1. 编制说明

投资估算编制说明一般应阐述以下内容。

① 工程概况。
② 编制范围。
③ 编制方法。
④ 编制依据。
⑤ 主要技术经济指标。
⑥ 有关参数、率值选定的说明。
⑦ 特殊问题的说明。
⑧ 采用限额设计的工程还应对投资限额和投资分解作进一步说明。
⑨ 采用方案比选的工程还应对方案比选的估算和经济指标作进一步说明。

2. 投资估算分析

投资估算分析应包括以下内容。

① 工程投资比例分析。一般建筑工程要分析土建、装饰、给排水、电气、暖通、空调、动力等主体工程和道路、广场、围墙、大门、室外管线、绿化等室外附属工程占总投资的比例，一般工业项目要分析主要生产项目(列出各生产装置)、辅助生产项目、公用工程项目(给排水、供电和通信、供气、总图运输及外管)、服务性工程、生活福利设施、厂外工程占建设总投资的比例。

② 分析设备购置费、建筑工程费、安装工程费、工程建设其他费用、预备费占建设总投资的比例；分析引进设备费用占全部设备费用的比例等。

3. 总投资估算汇总表

总投资估算汇总表是将工程费用、工程建设其他费用、预备费、建设期利息、流动资金等估算额以表格的形式进行汇总，形成建设项目投资估算总额。

4. 单项工程投资估算表

单项工程投资估算应按建设项目划分的各个单项工程分别计算组成工程费用的建筑工程费、设备购置费、安装工程费。

五、投资估算的审核

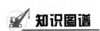

考点：投资估算的审核

投资估算的审核主要从以下几个方面进行。
① 审核和分析投资估算编制依据的时效性、准确性和实用性。
② 审核选用的投资估算方法的科学性与适用性。
③ 审核投资估算的编制内容与拟建项目规划要求的一致性。
④ 审核投资估算的费用项目、费用数额的真实性。

第三节 设计概算的编制

知识图谱

设计概算的编制
- 设计概算的概念与作用
- 设计概算的编制内容及依据
- 设计概算的编制方法
- 设计概算的审查
- 设计概算的调整

一、设计概算的概念与作用

考点速览

1. 设计概算的概念

设计概算是以初步设计文件为依据,按照规定的程序、方法和依据,对建设项目总投资及其构成进行的概略计算。

2. 设计概算的作用

① 设计概算是编制固定资产投资计划、确定和控制建设项目投资的依据。国家规定,编制年度固定资产投资计划,确定计划投资总额及其构成数额,要以批准的初步设计概算为依据,没有批准的初步设计文件及其概算,建设工程就不能列入年度固定资产投资计划。

② 设计概算是控制施工图设计和施工图预算的依据。设计单位必须按照批准的初步设计和总概算进行施工图设计,施工图预算不得突破设计概算,如确需突破总概算时,应按规定程序报批。

③ 设计概算是衡量设计方案技术经济合理性和选择最佳设计方案的依据。

④ 设计概算是编制招标限价(招标标底)和投标报价的依据。

⑤ 设计概算是签订建设工程施工合同和贷款合同的依据。

⑥ 设计概算是考核建设项目投资效果的依据。

应验实践

【例题·单选】按照国家有关规定,作为年度固定资产投资计划、计划投资总额及构成数额的编制和确定依据的是(   )。

  A. 经批准的投资估算   B. 经批准的设计概算
  C. 经批准的施工图预算 D. 经批准的工程决算

【答案】B

【解析】本题考查的是设计概算的编制。设计概算是编制固定资产投资计划、确定和控制建设项目投资的依据。

二、设计概算的编制内容及依据

考点速览

1. 编制内容

设计概算可分单位工程概算、单项工程综合概算和建设项目总概算三级。

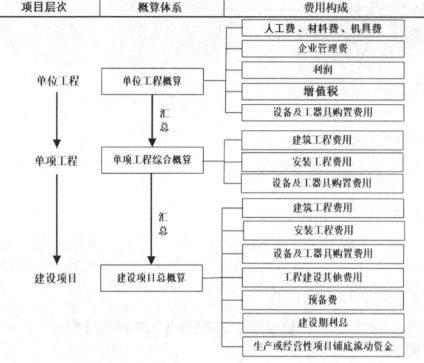

考点一：单位工程概算

单位工程是指具有相对独立施工条件的工程，它是单项工程的组成部分。以此为对象编制的设计概算称为单位工程概算。**单位工程概算分为建筑工程概算、设备及安装工程概算**。

建筑工程概算包括土建工程概算、给排水与采暖工程概算、通风与空调工程概算、动力与照明工程概算、弱电工程概算及特殊构筑物工程概算等。

设备及安装工程概算包括机械设备及安装工程概算，电气设备及安装工程概算，热力设备及安装工程概算，工具、器具及生产家具购置费概算等。

考点二：单项工程概算

单项工程是指具有独立的设计文件、建成后可以独立发挥生产能力或具有使用效益的工程。它是建设项目的组成部分，如生产车间、办公楼、食堂、图书馆、学生宿舍、住宅楼、配水厂等。单项工程概算是确定一个单项工程(设计单元)费用的文件，是总概算的组成部分，一般只包括单项工程的工程费用。

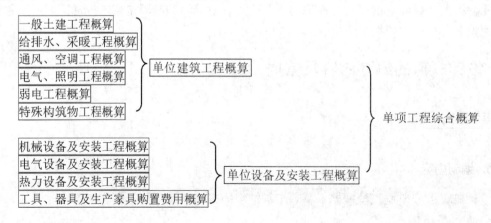

考点三：建设项目总概算

建设项目是指按总体规划或设计进行建设的，由一个或若干个互有内在联系的单项工程组成的工程总和，也称为基本建设项目。

当建设项目<mark>只有一个单项工程时，设计概算只包括单位工程概算、总概算两级概算编制形式。</mark>(无综合概算)

2. 编制依据

(1) 国家、行业和地方政府有关建设和造价管理的法律、法规、规定。

(2) 相关文件和费用资料。

(3) 施工现场资料。

应验实践

【例题1·多选】设计概算的主要作用有(   )。

  A. 是确定和控制建设投资的依据

  B. 是签订建设工程承发包合同的依据

  C. 是考核和评价工程建设项目成本和投资效果的依据

  D. 是工程竣工结算的依据

  E. 是控制施工图预算和施工图设计的依据

【答案】ABCE

【解析】设计概算的作用：①设计概算是编制固定资产投资计划，确定和控制建设项目投资的依据；②设计概算是控制施工图设计和施工图预算的依据；③设计概算是衡量设计方案技术经济合理性和选择最佳设计方案的依据；④设计概算是编制招标限价(招标标底)和投标报价的依据；⑤设计概算是签订建设工程施工合同和贷款合同的依据；⑥设计概算是考核建设项目投资效果的依据。

【例题2·单选】单位工程概算按其工程性质，可分为单位建筑工程概算和单位设备及安装工程概算两类，下列属于单位设备及安装工程概算的是(   )。

  A. 通风、空调工程概算

  B. 工具、器具及生产家具购置费概算

  C. 电气、照明工程概算

  D. 弱电工程概算

【答案】B

【解析】本题考查的是设计概算的编制。选项A、C、D属于单位建筑工程概算的内容。

【例题3·单选】单位工程概算按工程性质可分为(   )。

  A. 建筑工程概算和设备及安装工程概算

  B. 建筑工程概算和装饰工程概算

  C. 设备安装概算和预备费用概算

  D. 工程其他费用概算和预备费用概算

【答案】A

【解析】单位工程概算分为建筑工程概算、设备及安装工程概算。

【例题 4·单选】 某建设项目由若干单项工程构成,应包含在其中某单项工程综合概算中的费用项目是( )。

A. 建筑安装工程费 B. 办公和生活用品购置费
C. 研究试验费 D. 基本预备费

【答案】A

【解析】本题考查的是设计概算的编制。综合概算一般应包括建筑工程费用、安装工程费用、设备及工器具购置费。选项 B、C、D 属于建设项目总概算的内容,不包含在单项工程综合概算中。

【例题 5·多选】 某建设项目由厂房、办公楼、宿舍等单项工程组成,则单项工程综合概算中的内容有( )。

A. 机械设备及安装工程概算 B. 电气设备及安装工程概算
C. 工程建设其他费用概算 D. 特殊构筑物工程概算
E. 流动资金概算

【答案】ABD

【解析】单项工程是指具有独立的设计文件、建成后可以独立发挥生产能力或具有使用效益的工程。它是建设项目的组成部分,如生产车间、办公楼、食堂、图书馆、学生宿舍、住宅楼、配水厂等。

内容见下表。

概算类别		内容
单项工程概算	单位建筑工程概算	内容包括土建工程概算、给排水与采暖工程概算、通风与空调工程概算、动力与照明工程概算、弱电工程概算、特殊构筑物工程概算等
	单位设备及安装工程概算	内容包括机械设备及安装工程概算,电气设备及安装工程概算,热力设备及安装工程概算,工具、器具及生产家具购置费概算等

【例题 6·单选】 三级概算编制时的组成内容不包括( )。

A. 建设项目总概算 B. 分部分项工程概算
C. 单位工程概算 D. 单项工程综合概算

【答案】B

【解析】三级概算包括建设项目总概算、单项工程综合概算、单位工程概算。

三、设计概算的编制方法

考点速览

1. 单位工程概算的编制方法

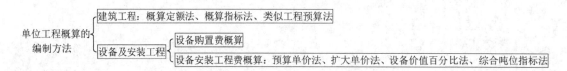

第五章 工程决策和设计阶段造价管理

考点一：建筑单位工程概算编制方法

(1) 概算定额法。

概算定额法又叫扩大单价法或扩大结构定额法，是利用概算定额编制单位工程概算的方法。

概算定额法适用于设计达到一定深度，建筑结构尺寸比较明确，能按照设计的平面、立面、剖面图纸计算出楼地面、墙身、门窗和屋面等分项工程(或扩大分项工程或扩大结构构件)工程量的项目。

这种方法编制出的概算精度较高，但是编制工作量大，需要大量的人力和物力。

利用概算定额编制概算的具体步骤如下：

① 熟悉图纸，了解设计意图、施工条件和施工方法。
② 按照概算定额的分部分项顺序，列出分部工程(或扩大分项工程或扩大结构构件)的项目名称，并计算工程量。
③ 确定各分部工程项目的概算定额单价。
④ 根据分部工程的工程量和相应的概算定额单价计算人工费、材料费、机械费用。
⑤ 计算企业管理费、利润和增值税。
⑥ 计算单位工程概算造价。
⑦ 编写概算编制说明。

应验实践

【例题·单选】某拟建工程初步设计已达到必要的深度，能够据此计算出扩大分项工程的工程量，则能较为准确地编制拟建工程概算的方法是(　　)。

　　A. 概算指标法　　　　　　　　B. 类似工程预算法
　　C. 概算定额法　　　　　　　　D. 综合吨位指标法

【答案】C

【解析】本题考查的是设计概算的编制。概算定额法适用于设计达到一定深度，建筑结构尺寸比较明确，能按照设计的平面图、立面图、剖面图计算出楼地面、墙身、门窗和屋面等分项工程(或扩大分项工程或扩大结构构件)工程量的项目。

(2) 概算指标法。

概算指标法是利用概算指标编制单位工程概算的方法，是用拟建的厂房、住宅的建筑面积(或体积)乘以技术条件相同或基本相同工程的概算指标，得出人工费、材料费、施工机具使用费合计，然后按规定计算出企业管理费、利润和增值税等，编制出单位工程概算的方法。

概算指标法的适用范围是设计深度不够，不能准确地计算出工程量，但工程设计技术比较成熟而又有类似工程概算指标可以利用。

① 设计对象的结构特征与概算指标有局部差异时的调整。

$$结构变化修正概算指标(元/m^2) = J + Q_1 P_1 - Q_2 P_2$$

式中　J——原概算指标；
　　　Q_1——概算指标中换入结构的工程量；

Q_2——概算指标中换出结构的工程量；
P_1——换入结构的单价指标；
P_2——换出结构的单价指标。

或：

$$\begin{matrix}\text{结构变化修正概算指标的}\\ \text{人工、材料、机械数量}\end{matrix} = \begin{matrix}\text{原概算指标的}\\ \text{人工、材料、机械数量}\end{matrix} + \begin{matrix}\text{换入结构}\\ \text{件工作量}\end{matrix} \times \begin{matrix}\text{相应定额人工、}\\ \text{材料、机械消耗量}\end{matrix} - \begin{matrix}\text{换出结构}\\ \text{件工作量}\end{matrix} \times \begin{matrix}\text{相应定额人工、}\\ \text{材料、机械消耗量}\end{matrix}$$

② 设备、人工、材料、机械台班费用的调整。

$$\begin{matrix}\text{设备、人工、材料}\\ \text{机械修正概算费用}\end{matrix} = \begin{matrix}\text{原概算指标设备的}\\ \text{人工、材料、机械费用}\end{matrix} + \sum\left(\begin{matrix}\text{换入设备、人工、}\\ \text{材料、机械数量}\end{matrix} \times \begin{matrix}\text{拟建地区}\\ \text{相应单价}\end{matrix}\right) - \sum\left(\begin{matrix}\text{换出设备、人工、}\\ \text{材料、机械数量}\end{matrix} \times \begin{matrix}\text{原概算指标设备的}\\ \text{人工、材料、机械单价}\end{matrix}\right)$$

应验实践

【例题 1·单选】 在建筑工程初步设计文件深度不够、不能准确计算出工程量的情况下，可采用的设计概算编制方法是( )。

A. 概算定额法　　　　　　　　B. 概算指标法
C. 预算单价法　　　　　　　　D. 综合吨位指标法

【答案】 B

【解析】 本题考查的是设计概算的编制。在方案设计中，由于设计无详图而只有概念性设计时，或初步设计深度不够，不能准确地计算出工程量，但工程设计采用的技术比较成熟时可以选定与该工程相似类型的概算指标编制概算。

【例题 2·单选】 某地拟建一办公楼，当地类似工程的单位工程概算指标(工料单价)为 3600 元/m^2。概算指标为瓷砖地面，拟建工程为复合木地板，每 $100m^2$ 该类建筑中铺贴地面面积为 $50m^2$。当地预算定额中瓷砖地面和复合木地板的预算单价分别为 128 元/m^2、190 元/m^2。假定以人、材、机费用之和为基数取费，综合费率为 25%，则用概算指标法计算的拟建工程造价指标为( )元/m^2。

A. 2918.75　　　B. 3413.75　　　C. 3631.00　　　D. 3638.75

【答案】 D

【解析】 本题考查的是设计概算的编制。3600+50/100×(190-128)×(1+25%)=3638.75(元/m^2)。

(3) 类似工程预算法。

类似工程预算法在拟建工程设计与已完工程或在建工程的设计相类似而又没有可用的概算指标时采用，但必须对建筑结构差异和价差进行调整。

① 类似工程造价资料有具体的人工、材料、机械台班的用量时，可按类似工程预算造价资料中的主要材料用量、工日数量、机械台班用量乘以拟建工程所在地的主要材料预

算价格、人工单价、机械台班单价，计算出人、材、机费用合计，再计取相关费税，即可得出所需的造价指标。

② 类似工程预算成本包括人工费、材料费、施工机具使用费和其他费(指管理等成本支出)时，可按下面公式调整，即

$$D = A \cdot K$$
$$K = a\% \times K_1 + b\% \times K_2 + c\% \times K_3 + d\% \times K_4$$

式中　D——拟建工程成本单价；

　　　A——类似工程成本单价；

　　　K——成本单价综合调整系数；

　　　$a\%$、$b\%$、$c\%$、$d\%$——类似工程预算的人工费、材料费、施工机具使用费、其他费占预算造价的比例，如 $a\%$=类似工程人工费(或工资标准)/类似工程预算造价)×100%，$b\%$、$c\%$、$d\%$类同；

　　　K_1、K_2、K_3、K_4——拟建工程地区与类似工程预算造价在人工费、材料费、施工机具使用费、其他费之间的差异系数，如 K_1=拟建工程概算的人工费(或工资标准)/类似工程预算人工费(或地区工资标准)，K_2、K_3、K_4类同。

【提示】

建筑单位工程概算编制方法如下。

编制方法	适用条件	概算精度
概算定额法	初步设计达到一定深度、建筑结构尺寸比较明确	精度较高
概算指标法	初步设计深度不够、不能准确计算工程量，但工程设计采用的技术比较成熟而又有类似工程概算指标可以利用	精度不高
类似工程预算法	拟建工程设计与已完工程或在建工程的设计相类似而又没有可用的概算指标时采用	精度最低

应验实践

【例题1·单选】单位建筑工程概算的主要编制方法有(　　)。

　　A. 生产能力指数法、系数法、造价指标法

　　B. 概算定额法、设备价值百分比法、类似工程预算法

　　C. 概算定额法、概算指标法、类似工程预算法

　　D. 预算单价法、概算指标法、设备价值百分比法

【答案】C

【解析】建筑单位工程概算编制方法，即概算定额法、概算指标法、类似工程预算法。

【例题2·单选】当初步设计深度不够，设备清单不完备，只有主体设备或仅有成套设备重量时，可采用(　　)编制设备安装工程概算。

　　A. 概算指标法　　　　　　　　　B. 类似工程预算法

　　C. 预算单价法　　　　　　　　　D. 扩大单价法

【答案】D

【解析】当初步设计深度不够，设备清单不完备，只有主体设备或仅有成套设备重量

时，可采用主体设备、成套设备的综合扩大安装单价来编制概算。

考点二：设备及安装单位工程概算的编制方法

设备及安装工程概算包括设备购置费概算和设备安装工程费概算两大部分。

(1) 设备购置费概算。

(2) 设备安装工程费概算的编制方法。

① 预算单价法。当初步设计较深，有详细的设备和具体满足预算定额工程量清单时，可直接按工程预算定额单价编制安装工程概算，或者对于分部分项组成简单的单位工程也可采用工程预算定额单价编制概算，编制程序基本和施工图预算编制相同。该方法具有计算比较具体、精确性较高的优点。

② 扩大单价法。当初步设计深度不够，设备清单不完备，只有主体设备或仅有成套设备重量时，可采用主体设备、成套设备的综合扩大安装单价来编制概算。

③ 设备价值百分比法，也称安装设备百分比法。当设计深度不够，只有设备出厂价而无详细规格、重量时，安装费可按占设备费的百分比计算。其百分比值(即安装费率)由相关主管部门制定或由设计单位根据已完类似工程确定。该法常用于价格波动不大的定型产品和通用设备产品。

④ 综合吨位指标法。当设计文件提供的设备清单有规格和设备重量时，可采用综合吨位指标编制概算，综合吨位指标由主管部门或由设计院根据已完类似工程资料确定。该法常用于设备价格波动较大的非标准设备和引进设备的安装工程概算，或者安装方式不确定，没有定额或指标的情况。

设备安装工程概算的编制方法如下。

编制方法	适用条件	概算精度
预算单价法	初步设计有详细设备清单	精度高
扩大单价法	设备清单不完备，只有主体设备或仅有成套设备重量	
设备价值百分比法(安装设备百分比法)	设计深度不够，只有设备出厂价而无详细规格、重量，常用于价格波动不大的定型产品和通用设备产品	
综合吨位指标法	当设计文件提供的设备清单有规格和设备重量时，常用于设备价格波动较大的非标准设备和引进设备的安装工程概算	

应验实践

【例题 1·单选】某地拟建一幢建筑面积为 2500m² 办公楼。已知建筑面积为 2700m² 的类似工程预算成本为 216 万元，其人、材、机及其他费占预算成本的比例分别为 20%、50%、10%及 20%。拟建工程和类似工程地区的人工费、材料费、施工机具使用费及其他费之间的差异系数分别是 1.1、1.2、1.3 及 1.15，综合费率为 4%，则利用类似工程预算法编制该拟建工程概算造价为(　　)万元。

　　A. 245.44　　　　B. 252.2　　　　C. 287.4　　　　D. 302.8

【答案】A

【解析】本题考查的是设计概算的编制。综合调整系数=20%×1.1+50%×1.2+10%×1.3+20%×1.15=1.18；拟建工程概算造价=2160000/2700×1.18×(1+4%)×2500=245.44(万元)。

第五章 工程决策和设计阶段造价管理

【例题 2·单选】某单位建筑工程初步设计深度不够，不能准确地计算工程量，但工程采用的技术比较成熟而又有类似指标可以利用时，编制该工程设计概算宜采用的方法是(　　)。

A. 扩大单价法　　　　　　B. 类似工程换算法
C. 生产能力指数法　　　　D. 概算指标法

【答案】D

【解析】当初步设计深度不够，不能准确地计算工程量，但工程设计采用的技术比较成熟而又有类似工程概算指标可以利用时，可以采用概算指标法编制工程概算。

【例题 3·多选】单位设备安装工程概算的编制方法主要有(　　)。

A. 设备价值百分比法　　　B. 概算定额法
C. 综合吨位指标法　　　　D. 概算指标法
E. 预算单价法

【答案】ACE

【解析】本题考查的是设计概算的编制。单位设备安装工程概算的编制方法主要有设备价值百分比法、综合吨位指标法、预算单价法、扩大单价法。

【例题 4·单选】当初步设计深度不够，只有设备出厂价而无详细规格、重量时，编制设备安装工程费概算可选用的方法是(　　)。

A. 设备价值百分比法　　　B. 设备系数法
C. 综合吨位指标法　　　　D. 预算单价法

【答案】A

【解析】本题考查的是设计概算的编制。设备价值百分比法，又叫安装设备百分比法。当初步设计深度不够，只有设备出厂价而无详细规格、重量时，安装费可按占设备费的百分比计算。

【例题 5·单选】当初步设计深度较深、有详细的设备清单时，最能精确地编制设备安装工程费概算的方法是(　　)。

A. 预算单价法　　　　　　B. 扩大单价法
C. 设备价值百分比法　　　D. 综合吨位指标法

【答案】A

【解析】本题考查的是设计概算的编制。设备安装工程概算的编制方法：①预算单价法，初步设计较深，有详细设备清单时适用；②扩大单价法，初步设计深度不够、设备清单不完备，或仅有成套设备时适用；③设备价值百分比法，初步设计深度不够，只有设备出厂价，设备原价×安装费费率适用于价格波动不大的定型产品和通用产品；④综合吨位指标法，初步设计提供的设备清单有规格和设备重量时，适用于设备价格波动较大的非标准设备和引进设备的安装工程概算。

2. 单项工程综合概算的编制方法

在单位工程概算的基础上汇总单项工程费用的成果文件。

单项工程综合概算一般应包括建筑工程费用、安装工程费用、设备及工器具购置费，即工程费用。

3. 建设项目总概算的编制方法

考点一：建设项目总概算的含义

一般来说，一个完整的建设项目应按三级编制设计概算(即单位工程概算→单项工程综合概算→建设项目总概算)。对于建设单位仅增建一个单项工程项目时，可不需要编制综合概算，直接编制总概算，也就是按二级编制设计概算(即单位工程概算→单项工程总概算)。

考点二：建设项目总概算的内容

总概算文件应包括编制说明、总概算表、各单项工程综合概算书、工程建设其他费用概算表、主要建筑安装材料汇总表。独立装订成册的总概算文件宜加封面、签署页(扉页)和目录。

应验实践

【例题·单选】当建设项目为一个单项工程时，其设计概算应采用的编制形式是(　　)。
A. 单位工程概算、单项工程综合概算和建设项目总概算二级
B. 单位工程概算和单项工程综合概算二级
C. 单项工程综合概算和建设项目总概算二级
D. 单位工程概算和单项工程总概算二级

【答案】D

【解析】一般来说，一个完整的建设项目应按三级编制设计概算(即单位工程概算→单项工程综合概算→建设项目总概算)。对于建设单位仅增建一个单项工程项目时，可不需要编制综合概算，直接编制总概算，也就是按二级编制设计概算(即单位工程概算→单项工程总概算)。

四、设计概算的审查

考点速览

考点一：审查设计概算的编制依据
① 审查编制依据的合法性。
② 审查编制依据的时效性。
③ 审查编制依据的适用范围。

考点二：审查设计概算的方法

建筑单位工程概算
编制方法.mp4

名　称	审查方法
对比分析法	通过各种对比分析，容易发现设计概算存在的主要问题和偏差
查询核实法	对一些关键设备和设施、重要装置、引进工程图纸不全、难以核算的较大投资进行多方查询核对，逐项落实的方法
联合会审法	由有关单位和专家进行联合会审

第五章 工程决策和设计阶段造价管理

应验实践

【例题·单选】 设计概算审查时，对图纸不全的复杂建筑安装工程投资，通过向同类工程的建设、施工企业征求意见判断其合理性，这种审查方法属于( )。

A. 对比分析法 B. 专家意见法
C. 查询核实法 D. 联合会审法

【答案】 C

【解析】 查询核实法是对一些关键设备和设施、重要装置、引进工程图纸不全、难以核算的较大投资进行多方查询核对，逐项落实的方法。

五、设计概算的调整

考点速览

批准后的设计概算一般不得调整。由于以下原因引起的设计和投资变化可以调整概算，但要严格按照调整概算的有关程序执行。

① 超出原设计范围的重大变更。
② 超出基本预备费规定范围，不可抗拒的重大自然灾害引起的工程变动或费用增加。
③ 超出工程造价调整预备费，属国家重大政策性变动因素引起的调整。

如调整，应由建设单位调查分析原因，报主管部门审批同意后，由原设计单位核实编制调整概算，并按有关审批程序报批。

一个工程只允许调整一次概算。

设备安装工程概算
编制方法.mp4

应验实践

【例题·单选】 下列原因中，不能据以调整设计概算的是( )。

A. 超出原设计范围的重大变更
B. 超出承包人预期的货币贬值和汇率变化
C. 超出基本预备费规定范围的不可抗拒重大自然灾害引起的工程变动和费用增加
D. 超出预备费的国家重大政策性调整

【答案】 B

【解析】 本题考查的是设计概算的编制。允许调整概算的原因包括以下几点：①超出原设计范围的重大变更；②超出基本预备费规定范围不可抗拒的重大自然灾害引起的工程变动和费用增加；③超出工程造价调整预备费的国家重大政策性的调整。

第四节 施工图预算的编制

知识图谱

施工图预算的编制
- 施工图预算的概念与作用
- 施工图预算的编制内容及依据
- 施工图预算的编制方法
- 施工图预算的文件组成
- 施工图预算的审查

一、施工图预算的概念与作用

考点速览

1. 施工图预算的概念

施工图预算是以施工图设计文件为依据，按照规定的程序、方法和依据，在工程施工前对工程项目的工程费用进行的预测与计算。施工图预算的成果文件称为施工图预算书，也简称施工图预算。

2. 施工图预算的作用

考点一：施工图预算对设计方的作用

对设计单位而言，通过施工图预算来检验设计方案的经济合理性。其作用有以下两个。

① 根据施工图预算进行控制投资。根据工程造价的控制要求，施工图预算不得超过设计概算，设计单位完成施工图设计后一般要将施工图预算与设计概算进行对比，突破概算时要决定该设计方案是否实施或需要修正。

② 根据施工图预算调整、优化设计。

考点二：施工图预算对投资方的作用

对投资单位而言，通过施工图预算控制工程投资，其作用有以下几个。

① 施工图预算是设计阶段控制工程造价的重要环节，是控制工程投资不突破设计概算的重要措施。

② 施工图预算是控制造价及资金合理使用的依据。

③ 施工图预算是确定工程招标限价(或标底)的依据。

④ 施工图预算可以作为确定合同价款、拨付工程进度款及办理工程结算的基础。

考点三：施工图预算对施工方的作用

对施工方而言，通过施工图预算进行工程投标和控制分包工程合同价格。其作用有以下几个。

① 施工图预算是投标报价的基础。
② 施工图预算是建筑工程预算包干的依据和签订施工合同的主要内容。
③ 施工图预算是安排调配施工力量、组织材料设备供应的依据。
④ 施工图预算是控制工程成本的依据。
⑤ 施工图预算是进行"两算"对比的依据。

考点四：施工图预算对其他有关方的作用

① 对于造价咨询企业而言，客观、准确地为委托方做出施工图预算，不仅体现出企业的技术、管理水平和能力，而且能够保证企业信誉、提高企业市场竞争力。
② 对于工程项目管理、监理等中介服务企业而言，客观、准确的施工图预算是为业主方提供投资控制咨询服务的依据。
③ 对于工程造价管理部门而言，施工图预算是监督、检查定额标准执行情况、测算造价指数以及审定工程招标限价(或标底)的重要依据。
④ 如在履行合同的过程中发生经济纠纷，施工图预算还是有关调解、仲裁、司法机关按照法律程序处理、解决问题的依据。

应验实践

【例题1·单选】关于施工图预算的作用，下列说法中正确的是(   )。

A. 施工图预算可以作为业主拨付工程进度款的基础
B. 施工图预算是工程造价管理部门制定招标控制价的依据
C. 施工图预算是业主方进行施工图预算与施工预算"两算"对比的依据
D. 施工图预算是建设单位安排调配施工力量、组织材料设备供应的依据

【答案】A

【解析】施工图预算的作用分为对投资方的作用、对施工企业的作用和对其他有关方的作用三个方面。对于投资方来说，施工图预算可以作为确定合同价款、拨付工程进度款及办理工程结算的基础。

【例题2·多选】施工图预算对投资方、施工企业都具有十分重要的作用。下列选项中仅属于对施工企业作用的有(   )。

A. 确定合同价款的依据
B. 控制资金合理使用的依据
C. 控制工程施工成本的依据
D. 调配施工力量的依据
E. 办理工程结算的依据

【答案】CD

【解析】本题考查的是施工图预算的编制。施工图预算对施工企业的作用：①施工图预算是建筑施工企业投标报价的基础；②施工图预算是建筑工程预算包干的依据和签订施

工合同的主要内容；③施工图预算是施工企业安排调配施工力量、组织材料供应的依据；④施工图预算是施工企业控制工程成本的依据；⑤施工图预算是进行"两算"对比的依据。选项A、B、E属于施工图预算对投资方的作用。

二、施工图预算的编制内容及依据

1. 编制内容

施工图预算分为单位工程施工图预算、单项工程施工图预算和建设项目总预算。单位工程预算包括建筑工程预算和设备安装预算。建筑工程预算按其工程性质分为一般土建工程预算、装饰装修工程预算、给排水工程预算、采暖通风工程预算、煤气工程预算、电气照明工程预算、弱电工程预算、特殊构筑物(如炉窑等)工程预算和工业管道工程预算等。设备安装工程预算可分为机械设备安装工程预算、电气设备安装工程预算和热力设备安装工程预算等。

2. 编制依据

① 有关工程建设和造价管理的法律、法规和规定。
② 施工图设计文件。
③ 勘察、勘测资料。
④ 《建设工程工程量清单计价规范》(GB 50500—2013)和专业工程工程量计算规范或预算定额(单位估价表)、地区材料市场与预算价格等相关信息以及颁布的人、材、机预算价格，工程造价信息，取费标准，政策性调价文件等。

三、施工图预算的编制方法

设计概算的调整做题技巧.mp4

考点一：施工图预算的编制方法综述

施工图预算是按照单位工程→单项工程→建设项目逐级编制和汇总的，所以施工图预算编制的关键在于单位工程施工图预算。

施工图预算的编制可以采用工料单价法和综合单价法。

工料单价法又可以分为预算单价法和实物量法。

综合单价法是适应市场经济条件的工程量清单计价模式下的施工图预算编制方法。

考点二：实物量法

人工费=综合工日消耗量×综合工日单价
材料费=∑(各种材料消耗量×相应材料单价)
施工机具使用费=∑(各种机械消耗量×相应机具台班单价)

第五章 工程决策和设计阶段造价管理

实物量法的优点是能比较及时地将反映各种人工、材料、机械的当时当地市场单价计入预算价格，不需调价，反映当时当地的工程价格水平。

实物量法编制施工图预算的基本步骤如下。

① 编制前的准备工作。具体工作内容同于预算单价法相应步骤的内容。但此时要全面收集各种人工、材料、机械台班的当时当地的市场价格，应包括不同品种、规格的材料预算单价，不同工种、等级的人工工日单价，不同种类、型号的施工机械台班单价等。要求获得的各种价格应全面、真实、可靠。

② 熟悉图纸等设计文件和预算定额。

③ 了解施工组织设计和施工现场情况。

④ 划分工程项目和计算工程量。

⑤ 套用定额消耗量，计算人工、材料、机械台班消耗量。

⑥ 计算并汇总单位工程的人工费、材料费和施工机具使用费。在计算出各分部分项工程的各类人工工日数量、材料消耗数量和施工机械台班数量后，先按类别相加汇总求出该单位工程所需的各种人工、材料、施工机械台班的消耗数量，再分别乘以当时当地相应人工、材料、施工机械台班的实际市场单价，即可求出单位工程的人工费、材料费、施工机具使用费。

⑦ 计算其他费用，汇总工程造价。

应验实践

【例题1·多选】 施工图预算按建设项目组成分为( )。

A. 单位工程预算 B. 建设项目总预算
C. 分部工程预算 D. 单项工程预算
E. 分项工程预算

【答案】 ABD

【解析】 施工图预算分为单位工程施工图预算、单项工程施工图预算和建设项目总预算。

【例题2·单选】 实物量法编制施工图预算所用的材料单价应采用( )。

A. 网上咨询厂家的报价
B. 编制预算定额时采用的单价
C. 当时当地的实际价格
D. 预算定额中采用的单价加上运杂费

【答案】 C

【解析】 实物量法编制施工图预算所用人工、材料和机械台班的单价都是当时当地的实际价格，编制出的预算可较准确地反映实际水平，误差较小，适用于市场经济条件波动较大的情况。

【例题3·单选】 运用实物量法编制施工图预算的工作有：①计算其他费用，汇总工程造价；②划分工程项目和计算工程量；③套用定额消耗量，计算人工、材料、机械台班消耗量；④熟悉图纸等设计文件和预算定额；⑤计算并汇总单位工程的人工费、材料费和

169

施工机具使用费。下列工作排序正确的是( )。

A. ④②⑤①③ B. ④⑤①②③
C. ②④⑤①③ D. ④②③⑤①

【答案】D
【解析】实物量法编制施工图预算的基本步骤参见考点二。

四、施工图预算的文件组成

考点速览

考点：施工图预算文件应由封面、签署页及目录、编制说明、建设项目总预算表、其他费用计算表、单项工程综合预算表、单位工程预算表等组成。

编制说明一般包括以下几个方面的内容。

① 编制依据，包括本预算的设计文件全称、设计单位，所依据的定额名称，在计算中所依据的其他文件名称和文号，施工方案主要内容等。

② 图纸变更情况，包括施工图中变更部位和名称，因某种原因变更处理的结构部件名称，因涉及图纸会审或施工现场需要说明的有关问题。

③ 执行定额的有关问题，包括按定额要求本预算已考虑和未考虑的有关问题；因定额缺项，本预算所作补充或借用定额情况说明；甲、乙双方协商的有关问题。

五、施工图预算的审查

考点速览

1. 施工图预算的审查意义

① 有利于合理确定和有效控制工程造价，克服和防止预算超概算现象发生。

② 有利于加强固定资产投资管理，合理使用建设资金。

③ 有利于施工承包合同价的合理确定和控制，因为施工图预算对于招标工程是编制招标限价、投标报价、签订工程承包合同、结算合同价款的基础。

④ 有利于积累和分析各项技术经济指标，不断提高设计水平。通过审查工程预算，核实了预算价值，为积累和分析技术经济指标提供了准确数据，进而通过有关指标的比较，找出设计中的薄弱环节，以便及时改进，不断提高设计水平。

2. 施工图预算的审查内容

施工图预算的审查工作应从工程量计算、预算定额套用、设备材料预算价格取定等是否正确，各项费用标准是否符合现行规定，采用的标准规范是否合理，施工组织设计及施工方案是否合理等几方面进行。

考点一：工程量的审查

工程量计算是施工图预算的基础，也是施工图预算审查起点。按照施工图预算编制所依据的工程量计算规则，逐项审查各分部分项工程、单价措施项目工程量计算的正确性、准确性。

考点二：审查设备、材料的预算价格

设备、材料费用是施工图预算造价中所占比例最大的，应当重点审查。

考点三：审查预算单价的套用

审查预算单价套用是否正确应注意以下几个方面。

① 各分部分项工程采用的预算单价是否与现行预算定额的预算单价相符，其名称、规格、计量单位和所包括的工程内容是否与设计中分部分项工程要求一致。

② 审查换算的单价，首先要审查换算的分项工程是不是定额中允许换算的，其次要审查换算方法和结果是否正确。

③ 审查补充定额和单位估价表的编制是否符合编制原则，单位估价表计算是否正确。

考点四：审查有关费用项目及其取值

有关费用项目计取的审查要注意以下几个方面。

① 措施费的计算是否符合有关的规定标准，企业管理费和利润的计取基础是否符合现行规定，有无不能作为计费基础的费用列入计费的基础。

② 预算外调增的材料差价是否计取了企业管理费。人工费增减后，有关费用是否相应作了调整。

③ 有无巧立名目、乱计费用、乱摊费用的现象。

3. 施工图预算的审查方法

施工图预算审的查方法较多，主要有全面审查法、标准预算审查法、分组计算审查法、对比审查法、筛选审查法、重点审查法、利用手册审查法和分解对比审查法等多种。

审查方法	特 点
全面审查法 (又称逐项审查法)	逐项审查法。 优点：全面、细致，审查质量高、效果好。 缺点：工作量大，时间较长。适用于一些工程量小、工艺简单的工程
标准预算审查法	是先集中力量编制标准预算，以此为准来审查工程预算的一种方法。 优点：时间短、效果好。 缺点：适用范围小，仅适用于按标准图纸设计的工程
分组计算审查法	把相邻且有一定内在联系的项目编为一组，利用工程量之间具有相同或相似计算基础的关系，判断同组中其他几个分项工程量计算的准确程度的方法。 特点：审查速度快、工作量小
对比审查法	适用于工程条件相同， ①拟建工程和已建工程采用同一套设计施工图，但基础部分及现场条件不同； ②拟建工程和已建工程采用形式和标准相同的设计施工图，仅建筑面积规模不同； ③拟建工程和已建工程的面积规模、建筑标准相同，但部分工程内容设计不同
筛选审查法	"筛选"归纳为工程量、价格、用工三个单方基本指标。 优点：简单易懂，便于掌握，审查速度和发现问题快，但问题出现的原因尚需继续审查(利用单位面积的"基本数据")

续表

审查方法	特 点
重点审查法	适用于结构复杂、工程量大或造价高的工程。 重点审查其工程量、单价构成、各项费用计费基础及标准等。 优点：突出重点，审查时间短、效果好
利用手册审查法	把工程中常用的构件、配件，事先整理成预算手册。 利用这些手册对新建工程进行对照审查
分解对比审查法	将拟建工程按人工费、材料费、施工机具使用费与企业管理费等进行分解； 然后再把人工费、材料费、施工机具使用费按工种和分部工程进行分解； 分别与审定的标准预算进行对比分析

应验实践

【例题1·单选】对于设计方案比较特殊，无同类工程可比，且审查精度要求高的施工图预算，适宜采用的审查方法是(　　)。

A. 全面审查法　　　　　　B. 标准预算审查法
C. 对比审查法　　　　　　D. 重点审查法

【答案】A

【解析】本题考查的是施工图预算的编制。题干中的设计方案比较特殊，无同类工程可比且审查精度较高，所以应当采用全面审查法。而且，该方法具有全面、细致，审查质量高，效果好的特点。在备选答案中，B选项标准预算审查法需要工程采用标准图设计；C选项对比审查法需要找到规模、标准等同类的工程；D选项重点审查法适用于规模较大的工程，突出重点。

【例题2·多选】施工图预算审查的重点包括(　　)。

A. 审查工程量计算是否准确
B. 审查相关的技术规范是否有错误
C. 审查施工图设计方案是否合理
D. 审查施工图预算编制中定额套用是否恰当
E. 审查有关费用项目及其取值

【答案】ADE

【解析】施工图预算审查的内容包括以下几项。
① 工程量的审查。
② 审查设备、材料的预算价格。
③ 审查预算单价的套用。
④ 审查有关费用项目及其取值。

【例题3·单选】当建设工程条件相同时，用同类已完工程的预算或未完但已经过审查修正的工程预算审查拟建工程的方法是(　　)。

A. 标准预算审查法　　　　B. 对比审查法
C. 筛选审查法　　　　　　D. 全面审查法

【答案】B

【解析】本题考查的是施工图预算的编制。对比审查法是用已建工程的预算或虽未建成但已通过审查的工程预算对比审查拟建工程预算的一种方法。

4. 施工图预算的审查步骤

考点一：做好审查前的准备工作

(1) 熟悉施工图纸等设计文件。

施工图纸等设计文件是编审预算分项数量的重要依据，必须全面熟悉了解，核对所有图纸，清点无误后依次识读。

(2) 了解预算包括的范围。

根据预算编制说明，了解预算包含的工程内容，如配套设施、室外管线、道路以及图纸会审后的设计变更等。

(3) 弄清预算采用的单位估价表。

任何单位估价表或预算定额都有一定的适用范围，应根据工程性质，收集熟悉相应的单价、定额资料。

考点二：选择合适的审查方法，按相应内容审查

由于工程规模、繁简程度不同，施工方法和施工企业情况不一样，所编制的工程预算质量也不同，所以需选适当的审查方法进行审查。

考点三：预算调整

综合整理审查资料，并与编制单位交换意见，定案后编制调整后预算。审查后，需要进行增加或核减的，经与编制单位沟通，达成共识，进行相应的修正。

5. 施工图预算的批准

经审查合格后的施工图预算提交审批部门复核，复核无误后就可以批准，一般以文件的形式正式下达审批预算。与设计概算的审批不同，施工图预算的审批虽然要求审批部门应具有相应的权限，但其严格程度较低。

实物量法的考核.mp4

第六章

工程施工招投标阶段造价管理

◉ 章节导学

```
                                  ┌── 施工招标方式和程序
                                  ├── 施工招投标文件组成
                                  ├── 施工合同示范文本
工程施工招投标阶段造价管理 ────────┤
                                  ├── 工程量清单的编制
                                  ├── 最高投标限价的编制
                                  └── 投标报价的编制
```

第一节 施工招标方式和程序

 知识图谱

```
                            ┌── 招投标的概念
                            ├── 我国招投标制度概述
施工招标方式和程序 ─────────┤── 工程施工招标方式
                            ├── 工程施工招标组织形式
                            └── 工程施工招标程序
```

第六章 工程施工招投标阶段造价管理

一、招投标的概念

工程建设项目招投标是国际上广泛采用的建设项目业主择优选择工程承包商或材料设备供应商的主要交易方式。

建设工程招标文件→要约邀请

投标文件→要约

中标通知书→承诺

二、我国招投标制度概述

施工图预算的审查方法.mp4

考点一：必须招标的范围

全部或者部分使用国有资金投资或者国家融资的项目	①使用预算资金 200 万元人民币以上，并且该资金占投资额 10%以上的项目； ②使用国有企业事业单位资金，并且该资金占控股或者主导地位的项目
使用国际组织或者外国政府贷款、援助资金的项目	①使用世界银行、亚洲开发银行等国际组织贷款、援助资金的项目； ②使用外国政府及其机构贷款、援助资金的项目
不属于以上规定情形的大型基础设施、公用事业等关系社会公共利益、公众安全的项目	必须招标的具体范围由国务院发展改革部门会同国务院有关部门按照确有必要、严格限定的原则制定，报国务院批准

考点二：必须招标的规模标准

以上规定范围内的项目，达到下列标准之一的必须招标。

100 万元	勘察、设计、监理等服务的采购，单项合同
200 万元	重要设备、材料等货物的采购，单项合同
400 万元	施工单项合同

同一项目中可以合并进行的勘察、设计、施工、监理以及与工程建设有关的重要设备、材料等的采购，合同估算价合计达到前款规定标准的，必须招标。

可以不进行招标的建设工程项目如下。

① 涉及国家安全、国家机密或者抢险救灾而不适宜招标的。

② 属于利用扶贫资金实行以工代赈、需要使用农民工的。

③ 需要采用不可替代的专利或者专有技术的。

④ 采购人依法能够自行建设、生产或者提供。

⑤ 已通过招标方式选定的特许经营项目投资人依法能够自行建设、生产或者提供。
⑥ 需要向原中标人采购工程、货物或者服务；否则将影响施工或者功能配套要求。
⑦ 法律、行政法规规定的其他情形。

三、工程施工招标方式

考点速览

(1) 公开招标。
以发布招标公告或资格预审公告的方式邀请不特定者进行投标。
(2) 邀请招标。
以投标邀请书的方式邀请特定者参加投标。

四、工程施工招标组织形式

考点速览

(1) 自行组织招标。
具备编制招标文件、组织评标的能力。
(2) 委托招标代理机构具备的条件。
① 有营业场所和相应资金。
② 有编制招标文件、组织评标的专业力量。
③ 可以作为评标委员会成员人选的技术、经济等方面的专家库。
依法必须进行招标的项目，招标人自行办理招标事宜的，应当向有关行政监督部门备案。
招标代理机构不得在所代理的招标项目中投标或者代理投标，也不得为所代理的招标项目的投标人提供咨询。

五、工程施工招标程序

招标程序	投标程序
招标准备	①组成投标小组； ②进行市场调查； ③投标机会研究与跟踪
资格审查与投标	①购买资格预审文件； ②填报资格预审材料； ③购买招标文件等
开标评标与授标	①参加开标会议； ②提交履约保函； ③签订施工合同； ④收回投标保证金

【例题·多选】根据《工程建设项目招标范围和规模标准规定》，必须招标范围内的各类工程建设项目，达到下列标准之一必须进行招标的有(　　)。

A. 材料采购的单项合同估算价为人民币 180 万元
B. 施工单项合同估算价为人民币 500 万元
C. 重要设备采购的单项合同估算价为人民币 250 万元
D. 监理服务采购的单项合同估算价为人民币 160 万元
E. 项目总投资额为人民币 2500 万元

【答案】BCD

【解析】本题考查的是施工招标方式和程序。材料采购的单项合同估算价为人民币 200 万元以上时才必须进行招标。

第二节　施工招投标文件组成

```
施工招投标文件组成 ─┬─ 施工招标文件的组成
                    └─ 施工投标文件的组成
```

一、施工招标文件的组成

考点一：概述

招标文件是指导整个招投标工作全过程的纲领性文件，是招标人向投标单位提供参加投标所需信息和要求的完整汇编。招标文件由招标人(或者其委托的咨询机构)根据招标项目的特点和需要编制。

《中华人民共和国招标投标法》和《中华人民共和国招标投标法实施条例》对招标文件的编制还有以下主要规定。

① 招标文件不得要求或者标明特定的生产供应者以及含有倾向或者排斥潜在投标人的其他内容。

② 招标人可以对已发出的资格预审文件或者招标文件进行必要的澄清或者修改，该澄清或者修改的内容为招标文件的组成部分。

文件	招标人澄清修改的内容	投标人有异议的内容
资格预审文件	提交预审申请文件截止时间至少 3 日前，书面通知获取人	截止时间 2 日前提出
招标文件	投标截止时间至少 15 日前，书面通知获取的投标人	截止时间 10 日前提出
补充	不足 3 日或 15 日的，顺延截止时间	招标人 3 日内答复异议，答复前暂停招投标活动

③ 招标人编制的资格预审文件、招标文件的内容违反法律、行政法规的强制性规定，违反公开、公平、公正和诚实信用原则，影响资格预审结果或者潜在投标人投标的，依法必须进行招标项目的招标人应当在修改资格预审文件或者招标文件后重新招标。

考点二：施工招标文件的内容

施工招标文件的内容主要包括以下三类。

① 告知投标人相关时间规定、资格条件、投标要求、投标注意事项、如何评标等信息的投标须知类内容，如投标人须知、评标办法、投标文件格式等。

② 合同条款和格式。

③ 投标所需要的技术文件，如图纸、工程量清单、技术标准和要求等。

根据《标准施工招标文件》的内容，对施工招标文件的主要内容介绍如下。

① 招标公告(或投标邀请书)。

当未进行资格预审时，招标文件中应包括招标公告。

当采用邀请招标，或者采用进行资格预审的公开招标时，招标文件中应包括投标邀请书。

② 投标人须知：招标文件要求投标人提交投标保证金的，投标保证金不得超过招标项目估算价的 2%。

③ 评标办法：可选择经评审的最低投标价法和综合评估法。

④ 合同条款及格式：拟采用的通用合同条款、专用合同条款以及各种合同附件的格式。

⑤ 工程量清单：拟建工程分部分项工程、措施项目和其他项目名称及相应数量的明细清单，是编制招标控制价和投标报价的重要依据。按规定应编制最高投保限价的，应在招标时一并公布。

⑥ 图纸：招标人提供用于计算招标控制价和投标报价所必需的各种详细程度的图纸。

⑦ 技术标准和要求：符合国家强制性规定。招标文件中规定的各项技术标准均不得要求或标明某一特定的专利、商标、名称、设计、原产地或生产供应者，不得含有倾向或者排斥潜在投标人的其他内容。如果必须引用某一生产供应商的技术标准才能准确或清楚地说明拟招标项目的技术标准时，则应当在参照后面加上"或相当于"字样。

⑧ 投标文件格式。

⑨ 规定的其他材料：如需其他材料，应在"投标人须知前附表"中予以规定。

⑩ 《工程建设项目施工招标投标办法》规定：施工投标保证金的数额一般不得超过项目估算价的 2%，但最高不得超过 80 万元人民币。

依据《中华人民共和国招标投标法实施条例》，投标保证金不得超过招标项目估算价的 2%。

招标有效期：一般项目 60~90 天，大型项目 120 天左右。

应验实践

【例题·多选】关于施工招标文件，下列说法中正确的有(　　)。
　　A. 招标文件应包括拟签合同的主要条款
　　B. 当进行资格预审时，招标文件中应包括投标邀请书
　　C. 自招标文件开始发出之日起至投标截止之日最短不得少于 15 天
　　D. 招标文件不得说明评标委员会的组建方法
　　E. 招标文件应明确评标方法
【答案】ABE
【解析】本题考查的是施工招标文件组成。自招标文件开始发出之日起至投标截止之日最短不得少于 20 日。

二、施工投标文件的组成

考点速览

考点一：概述
投标文件是指投标人根据招标文件要求编制的响应性文件。包括编制、修改、撤回、递交、评审等，还有以下主要规定。
① 投标人应当按照招标文件的要求编制投标文件，投标文件应当对招标文件提出的实质性要求和条件作出响应。没有对招标文件的实质性要求和条件作出响应的，评标委员会应当否决其投标。
② 招标项目属于建设施工的，投标文件的内容应当包括拟派出的项目负责人与主要技术人员的简历、业绩和拟用于完成招标项目的机械设备等。
③ 投标人应当在投标文件的截止时间前，将投标文件送达投标地点。招标人收到投标文件后，应当如实记载投标文件的送达时间和密封情况，并存档备查，开标前不得开启。
④ 未通过资格预审的申请人提交的投标文件，以及逾期送达或者不密封的投标文件，招标人应当拒收。投标文件未经投标单位盖章和单位负责人签字的，投标人不符合国家或者招标文件规定的资格条件的，评标委员会应当否决其投标。
⑤ 投标人在招标文件要求提交投标文件的截止时间前，可以补充、修改或者撤回已提交的投标文件，并书面通知招标人。补充、修改的内容为投标文件组成部分。投标截止后投标人撤销投标文件的，招标人可以不退还投标保证金。
⑥ 投标文件中有含义不明确的内容、明显文字或者计算错误，评标委员会认为需要投标人作出必要澄清、说明的，应当书面通知该投标人。投标人的澄清、说明应当采用书面形式，并不得超出投标文件的范围或者改变投标文件的实质性内容。
⑦ 投标报价低于成本或者高于最高投标限价的，投标联合体没有提交联合体协议书的，同一投标人提交两个以上不同的投标文件或者投标报价的(招标文件要求提交备选投标

的除外)，评标委员会应当否决其投标。

⑧ 投标人不得以他人名义投标或者以其他方式弄虚作假，骗取中标。投标人不得相互串通投标报价，不得排挤其他投标人的公平竞争，损害招标人或者其他投标人的合法权益。投标人不得与招标人串通投标，损害国家利益、社会公共利益或者他人的合法权益。禁止投标人以向招标人或者评标委员会成员行贿的手段谋取中标。投标人有串通投标、弄虚作假、行贿等违法行为的，评标委员会应当否决其投标。

考点二：投标文件的组成

① 投标函及投标函附录。
② 法定代表人身份证明或附有法定代表人身份证明的授权委托书。
③ 联合体协议书。

a. 招标文件载明接受联合体投标的，两个以上法人或者其他组织可以组成一个联合体，以一个投标人的身份共同投标。联合体各方均应当具备承担招标项目的相应能力。

b. 由同一专业的单位组成的联合体，按照资质等级较低的单位确定资质等级。

c. 联合体各方应当签订联合体协议书(共同投标协议)，明确约定联合体指定牵头人以及各方拟承担的工作和责任。

d. 联合体中标的，联合体各方应当共同与招标人签订合同，就中标项目向招标人承担连带责任。

e. 联合体各方签订共同投标协议后，不得再以自己名义单独投标，也不得组成新的联合体或参加其他联合体在同一项目中投标。

f. 投标联合体没有提交联合体协议书的，评标委员会应当否决其投标。

④ 投标保证金：投标人需要按照招标文件的要求在投标截止日前向招标人递交投标保证金或投标保函。
⑤ 已标价工程量清单。
⑥ 施工组织设计。
⑦ 项目管理机构。
⑧ 拟分包项目情况表：投标人根据招标文件载明的项目实际情况，拟在中标后将中标项目的部分非主体、非关键性工作进行分包的，应当在投标文件中载明。
⑨ 资格审查资料。
⑩ 规定的其他材料。

应验实践

【例题·多选】投标文件应包括的内容有(　　)。

　　A. 投标人须知
　　B. 施工组织设计
　　C. 项目管理机构
　　D. 招标工程量清单
　　E. 联合体协议书(允许采用联合体投标)

【答案】BCE

【解析】本题考查的是施工投标文件组成。投标人须知、招标工程量清单属于招标文件的内容。

第三节 施工合同示范文本

知识图谱

施工合同示范文本 ——《建设工程施工合同（示范文本）》(GF—2017—0201) 概述
　　　　　　　　——《建设工程施工合同（示范文本）》(GF—2017—0201) 的主要内容

一、《建设工程施工合同(示范文本)》(GF—2017—0201)概述

考点速览

考点一：《建设工程施工合同(示范文本)》(GF—2017—0201)的组成

《建筑工程施工合同(示范文本)》(GF—2017—0201)由合同协议书、通用合同条款和专用合同条款三部分组成。

施工合同示范文本。

① 协议书。工程概况、合同工期、质量标准、签约合同价和合同价格形式等，集中约定了合同当事人基本的合同权利和义务。

② 通用条款。合同当事人根据建筑法、合同法等规定，对工程建设实施及相关事项，对权利义务做的原则性约定。

③ 专用条款。对于原则性约定的细化、完善、补充、修改或另行约定的条款。

考点二：《建设工程施工合同(示范文本)》(GF—2017—0201)的性质和适用范围

为非强制性使用文本。适用于房屋建筑工程、土木工程、线路管道和设备安装工程、装修工程等建设工程的施工发承包活动。

考点三：合同文件的优先顺序

通用合同条款规定，组成合同的各项文件应互相解释，互为说明。除专用合同条款另有约定外，解释合同文件的优先顺序如下。

① 合同协议书。
② 中标通知书(如果有)。
③ 投标函及其附录(如果有)。
④ 专用合同条款及其附件。
⑤ 通用合同条款。
⑥ 技术标准和要求。
⑦ 图纸。

⑧ 已标价工程量清单或预算书。
⑨ 其他合同文件。

应验实践

【例题 1·单选】根据合同通用条款规定的文件解释优先顺序，下列文件中具有最优先解释权的是(   )。

A. 规范标准 B. 中标通知书
C. 合同协议书 D. 设计文件

【答案】C

【解析】本题考查的是施工合同示范文本。合同协议书优先解释合同文件。

【例题 2·多选】根据《建设工程施工合同(示范文本)》(GF—2017—0201)，合同示范文本由(   )组成。

A. 通用合同条款 B. 合同协议书
C. 标准和技术规范 D. 专用合同条款
E. 中标通知书

【答案】ABD

【解析】本题考查的是施工合同示范文本。施工合同示范文本包括协议书、通用条款和专用条款。

二、《建设工程施工合同(示范文本)》(GF—2017—0201)的主要内容

考点速览

考点一：资金来源证明及支付担保

除专用合同条款另有约定外，发包人应在收到承包人要求提供资金来源证明的书面通知后 **28 天内**，向承包人提供。

除专用合同条款另有约定外，发包人要求承包人提供履约担保的，发包人应当向承包人提供支付担保。

支付担保形式：银行保函或担保公司担保等形式，具体由合同当事人在专用合同条款中约定。

考点二：履约担保

发包人需要承包人提供履约担保的，由合同当事人在专用合同条款中约定履约担保的方式、金额及期限等。

形式：有银行保函或担保公司担保两种形式，在专用合同条款中约定。

违约：因承包人原因导致工期延长的，继续提供履约担保所增加的费用由承包人承担；非因承包人原因导致工期延长的，继续提供履约担保所增加的费用由发包人承担。

担保类型	形式	出具人
履约担保	银行保函、履约担保书、履约保证金、同业担保(保证招标人权益)	承包人
支付担保	银行保函、履约保证金、担保公司担保(保证承包人权益)	发包人

考点三：安全文明施工费

① 安全文明施工费由发包人承担，发包人不得以任何形式扣减该部分费用。

② 除专用合同条款另有约定外，发包人应在开工后28天内预付安全文明施工费总额的50%，其余部分与进度款同期支付。

③ 发包人逾期支付安全文明施工费超过7天的，承包人有权向发包人发出要求预付的催告通知，发包人收到通知后7天内仍未支付的，承包人有权暂停施工，并按合同中"发包人违约的情形"执行。

④ 承包人对安全文明施工费应专款专用，承包人应在财务账目中单独列项备查，不得挪作他用，否则发包人有权责令其限期改正；逾期未改正的，可以责令其暂停施工，由此增加的费用和(或)延误的工期由承包人承担。

应验实践

投标保证金的限定.mp4

【例题1·单选】根据《建设工程施工合同(示范文本)》(GF—2017—0201)，下列选项正确的有( )。

A. 签约合同价包括安全文明施工费，包括暂估价及暂列金额
B. 费用指为履行合同所发生的或将要发生的所有必需的开支，也包括利润
C. 承包人经发包人同意采取合同约定以外的安全措施所产生的费用，由承包人承担
D. 质量保证金是指按照合同约定承包人用于保证其在保修期内履行缺陷修补义务的担保

【答案】A

【解析】本题考查的是施工合同示范文本。承包人经发包人同意采取合同约定以外的安全措施所产生的费用，由发包人承担。

【例题2·单选】根据《建设工程施工合同(示范文本)》(GF—2017—0201)，关于安全文明施工费，下列说法错误的是( )。

A. 发包人应在开工后28天内预付安全文明施工费总额的50%，其余部分与进度款同期支付
B. 承包人对安全文明施工费应专款专用，不得挪作他用
C. 发包人逾期支付安全文明施工费超过14天的，承包人有权向发包人发出要求预付的催告通知
D. 安全文明施工费由发包人承担，发包人不得以任何形式扣减该部分费用

【答案】C

【解析】本题考查的是施工合同示范文本。发包人逾期支付安全文明施工费超过7天的，承包人有权向发包人发出要求预付的催告通知。

考点四：工期延误
(1) 发包人原因。
① 未按约定提供图纸或提供图纸不符合合同约定的。
② 未按约定提供施工现场、施工条件、基础资料、许可、批准等开工条件的。
③ 提供的测量基准点、基准线和水准点及其书面资料存在错误或疏漏的。
④ 未能在计划开工日期之日起 **7 天内** 同意下达开工通知的；发包人应按实际开工日期顺延竣工日期，确保实际工期不低于合同约定的工期总日历天数。
⑤ 未按约定支付工程预付款、进度款或竣工结算款的。
⑥ 监理人未按合同约定发出指示、批准等文件的。
(2) 承包人原因。
可以在专用合同条款中约定逾期竣工违约金的计算方法和逾期竣工违约金的上限。**承包人支付逾期竣工违约金后，不免除承包人继续完成工程及修补缺陷的义务。**

考点五：不利物质条件
概念：有经验的承包人在施工现场遇到的不可预见的自然物质条件、非自然物质障碍和污染物，包括地表以下物质条件和水文条件以及专用合同条款约定的其他情形，**但不包括气候条件。**
处理：应采取合理措施继续施工，并及时通知发包人和监理人。监理人经发包人同意后应当及时发出指示，指示构成变更的，按合同中"变更"的约定执行。
责任：承包人因采取合理措施而增加的费用和(或)延误的工期由发包人承担。
(1) 暂停施工。
监理人发出暂停施工指示后 **56 天内** 未向承包人发出复工通知，除该项停工属于承包人原因引起的暂停施工及不可抗力约定的情形外，承包人可向发包人提交书面通知，要求发包人在收到书面通知后 **28 天内** 准许已暂停施工的部分或全部工程继续施工。
暂停施工持续 84 天以上不复工的，且不属于承包人原因引起的暂停施工及不可抗力约定的情形，并影响到整个工程以及合同目的实现的，承包人有权提出价格调整要求，或者解除合同。解除合同的，按照因发包人违约解除合同执行。暂停施工期间，承包人应负责妥善照管工程并提供安全保障，由此增加的费用由责任方承担。
(2) 提前竣工。
发包人要求承包人提前竣工的，发包人应通过监理人向承包人下达提前竣工指示，承包人应向发包人和监理人提交提前竣工建议书，提前竣工建议书应包括实施的方案、缩短的时间、增加的合同价格等内容。
发包人接受该提前竣工建议书的，监理人应与发包人和承包人协商采取加快工程进度的措施，并修订施工进度计划，由此增加的**费用由发包人承担。**
承包人认为提前竣工指示无法执行的，应向监理人和发包人提出书面异议，发包人和监理人应在收到异议后 **7 天内** 予以答复。任何情况下，发包人不得压缩合理工期。

考点六：材料与工程设备的保管与使用
(1) 发包人供应。
① 承包人清点后由承包人妥善保管，保管费由发包人承担，因承包人原因发生丢失毁损的，由承包人负责赔偿。

② 监理人未通知承包人清点的，承包人不负责材料和工程设备的保管，由此导致丢失毁损的由发包人负责。

③ 发包人供应的材料和工程设备使用前，由承包人负责检验，检验费用由发包人承担。

(2) 承包人采购。

① 由承包人妥善保管，保管费用由承包人承担。

② 法律规定使用前必须进行检验或试验的，承包人应按监理人的要求进行检验或试验，费用由承包人承担。

③ 发包人或监理人发现承包人使用不符合设计或有关标准要求的材料和设备时，有权要求承包人进行修复、拆除或重新采购，由此增加的费用和(或)延误的工期，由承包人承担。

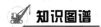

【例题·多选】根据《建设工程施工合同(示范文本)》(GF—2017—0201)，下列选项正确的有(   )。

A. 不利物质条件包括气候条件

B. 暂停施工期间，承包人应负责妥善照管工程并提供安全保障，由此增加的费用由发包人承担

C. 任何情况下，发包人不得压缩合理工期

D. 发包人供应的材料和工程设备，承包人清点后由承包人妥善保管，保管费用由承包人承担

E. 发包人供应的材料和工程设备使用前，由承包人负责检验，检验费用由发包人承担

【答案】CE

【解析】本题考查的是施工合同示范文本。暂停施工期间，承包人应负责妥善照管工程并提供安全保障，由此增加的费用由责任方承担。

第四节　工程量清单编制

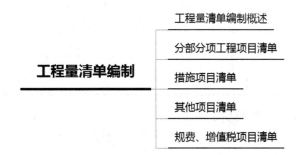

一、工程量清单编制概述

> 考点速览

考点一：工程量清单编制概述

工程量清单是载明建设工程分部分项工程项目、措施项目、其他项目的名称和相应数量以及规费、增值税项目等内容的明细清单。

其中，由招标人根据国家标准、招标文件、设计文件以及施工现场实际情况编制的，随招标文件发布供投标人投标报价的工程量清单称为招标工程量清单。

(1) 工程量清单的构成。

工程量清单作为招标文件的组成部分，主要由分部分项工程量清单、措施项目清单、其他项目清单、规费和增值税项目清单组成。

(2) 工程量清单计价的适用范围。

① 国有资金投资的工程建设项目。
② 使用各级财政预算资金的项目。
③ 使用纳入财政管理的各种政府性专项建设资金项目。
④ 使用国有企事业单位自有资金，并且国有资产投资者实际拥有控制权的项目。

(3) 国家融资资金投资的工程建设项目。

① 使用国家发行债券所筹资金的项目。
② 使用国家对外借款或者担保所筹资金的项目。
③ 使用国家政策性贷款的项目。
④ 国家授权投资主体融资的项目。
⑤ 国家特许的融资项目。

考点二：工程量清单的编制依据

招标工程量清单	招标控制价	投标报价
清单计价规范；国家、省级、行业主管部门颁发的计价办法		
设计文件；项目有关的标准、规范、技术资料		
计价定额		企业定额、计价定额
拟定的招标文件	拟定的招标文件、招标工程量清单	招标文件、工程量清单及补充通知、答疑纪要
施工现场情况、工程特点、地勘水文资料、常规施工方案	施工现场情况、工程特点、常规施工方案	施工现场情况、工程特点、投标时拟定的施工组织设计或施工方案
	工程造价信息，无时参照市场价	工程造价信息、市场价格信息

考点三：工程量清单的编制要求

① 招标人应负责编制招标工程量清单，不具有编制能力时可委托具有工程造价咨询资质的工程造价咨询企业编制。

② 招标人对招标工程量清单的准确性和完整性负责，投标人依据招标工程量清单进行投标报价。

③ 招标人在编制工程量清单时必须做到五个统一，即统一项目编码、统一项目名称、统一计量单位、统一工程量计算规则以及统一的基本格式。

④ 招标工程量清单与计价表中列明的所有需要填写单价和合价的项目，投标人均应填写且只允许有一个报价。未填写单价和合价的项目，视为此项费用已包含在已标价工程量清单中其他项目的单价和合价之中。当竣工结算时，此项目不得重新组价予以调整。

应验实践

【例题·单选】根据《建设工程工程量清单计价规范》(GB 50500—2013)，关于工程量清单计价的有关要求，下列说法中正确的是(   )。
　　A. 事业单位自有资金投资的建设工程发承包，可以不采用工程量清单计价
　　B. 使用国有资金投资的建设工程发承包，必须采用工程量清单计价
　　C. 国有资金投资总额占比 40%以上的项目，必须采用工程量清单计价
　　D. 招标工程量清单的准确性和完整性由清单编制人负责
【答案】B
【解析】本题考查的是工程量清单编制。事业单位自有资金投资的建设工程发承包，必须采用工程量清单计价；国有资金投资总额占比 50%以上的项目，必须采用工程量清单计价；招标工程量清单的准确性和完整性由招标人负责。

二、分部分项工程项目清单

考点速览

考点一：分部分项工程项目清单
分部分项工程项目清单，必须载明项目编码、项目名称、项目特征、计量单位和工程量。
项目编码。
分部分项工程和措施项目清单名称的阿拉伯数字标识。
共五级十二位。
一级：表示专业工程代码，两位。
二级：表示附录分类顺序码，两位。
三级：表示分部工程顺序码，两位。
四级：表示分项工程项目名称顺序码，三位。
五级：表示清单项目名称顺序编码，三位。
前四级编码全国统一，第五级编码由招标人针对招标工程项目具体编制，从 001 起顺序编制，不得有重号。

应验实践

【例题·单选】《建设工程工程量清单计价规范》(GB 50500—2013)规定，分部分项工程量清单项目编码的第三级为表示( )的顺序码。

A. 分项工程 B. 扩大分项工程
C. 分部工程 D. 专业工程

【答案】C

【解析】本题考查的是工程量清单编制。第三级为分部工程顺序码，例如 01 表示砖砌体。

考点二：项目名称

① 分部分项工程量清单的项目名称应按专业工程计算规范附录的项目名称结合拟建工程的实际确定。

② 项目名称为分项工程项目名称，是形成分部分项清单项目名称的基础。

③ 编制工程量清单出现附录中未包括的项目，编制人应作补充。

④ 附录中没有的项目，编制人应作补充。

a. 补充项目的编码必须按本规范的规定进行：计算规范的代码+B+3 位阿拉伯数字，从 001 开始顺序编制，不得重码(9 个计算规范，01，02，…，09)。

b. 将编制的补充项目报省级或行业工程造价管理机构备案，比如补充房屋建筑与装饰工程，编码从 01B001 开始。

c. 工程量清单中应附补充项目的项目名称、项目特征、计量单位、工程量计算规则和工作内容。

考点三：项目特征

① 项目特征是构成分部分项工程项目、措施项目自身价值的本质特征。

② 项目特征是对项目的准确描述，是确定一个清单项目综合单价不可缺少的重要依据，是区分清单项目的依据，是履行合同义务的基础。

应验实践

【例题1·单选】在工程量清单中，最能体现分部分项工程项目自身价值的本质是( )。

A. 项目特征 B. 项目编码
C. 项目名称 D. 项目计量单位

【答案】A

【解析】本题考查的是工程量清单编制。项目特征是构成分部分项工程项目、措施项目自身价值的本质特征。

【例题2·单选】关于工程量清单编制中的项目特征描述，下列说法中正确的是( )。

A. 措施项目无须描述项目特征
B. 应按计算规范附录中规定的项目特征，结合技术规范、标准图集加以描述
C. 对完成清单项目可能发生的具体工作和操作程序仍需加以描述
D. 图纸中已有的工程规格、型号、材质等可不描述

【答案】 B

【解析】 本题考查的是工程量清单编制。分部分项工程量清单的项目特征应按各专业工程工程量计算规范附录中规定的项目特征，结合技术规范、标准图集、施工图纸，按照工程结构使用材质及规格或安装位置等，予以详细而准确的表述和说明。

考点四：计量单位

(1) 单位。

质量——千克(kg 或 t)。

体积——立方米(m^3)。

面积——平方米(m^2)。

长度——米(m)。

自然计量单位——个、套、块、樘、组、台等。

没有具体数量的项目——宗、项等。

当有多个计量单位，应根据项目的特征，选择最适宜表现项目特征并方便计量的单位。

(2) 单位的有效位数。

① 以"t"为单位的保留 **3** 位小数。

② 以 m^3、m^2、m、kg 为单位的保留两位小数。

③ 以个、件、组等为单位的，取整数。

(3) 工程量计算。

除另有说明外，所有清单项目的工程量应以实体工程量为准，并以完成后的净值计算；投标人投标报价时，应在单价中考虑施工中的各种损耗和需要增加的工程量。

三、措施项目清单

考点速览

考点一：措施项目列项

① 安全文明施工费。

② 夜间施工增加费。

③ 非夜间施工照明费。

④ 二次搬运费。

⑤ 冬雨期施工增加费。

⑥ 地上、地下设施费、建筑物的临时保护设施费。

⑦ 已完工程及设备保护费。

⑧ 脚手架费。

⑨ 混凝土模板及支架(撑)费。

⑩ 垂直运输费。

⑪ 超高施工增加费。

⑫ 大型机械设备进出场及安拆费。

⑬ 施工排水、降水费。

考点二：措施项目清单的编制依据
① 施工现场情况、地勘水文资料、工程特点。
② 常规施工方案。
③ 与建设工程有关的标准、规范、技术资料。
④ 拟定的招标文件。
⑤ 建设工程设计文件及相关资料。

应验实践

【例题·多选】为有利于措施费的确定和调整，根据现行工程量计算规范，适宜采用单价措施项目计价的有(　　)。

A. 夜间施工增加费　　　　B. 二次搬运费
C. 施工排水、降水费　　　D. 超高施工增加费
E. 垂直运输费

【答案】CDE
【解析】本题考查的是措施项目计价清单。有些措施项目是可以计算工程量的项目，如脚手架工程、混凝土模板及支架(撑)、垂直运输、超高施工增加、大型机械设备进出场及安拆、施工排水、降水等，这类措施项目按照分部分项工程项目清单的方式采用综合单价计价，更有利于措施费的确定和调整。措施项目中可以计算工程量的项目(单价措施项目)宜采用分部分项工程量清单的方式编制。因此，正确选项为CDE。

四、其他项目清单

考点速览

因招标人的特殊要求而发生的与拟建工程有关的其他费用项目和相应数量的清单。工程建设标准的高低、工程的复杂程度、施工工期的长短、工程的组成内容、发包人对工程管理要求等都直接影响其他项目清单的具体内容。

工程量清单的编制依据对比分析.mp4

考点一：暂列金额
① 暂列金额是指招标人在工程量清单中暂定并包括在合同价款中的一笔款项。
② 用于工程合同签订时尚未确定或者不可预见的所需材料、工程设备、服务的采购，施工中可能发生的工程变更、合同约定调整因素出现时的合同价款调整以及发生的索赔、现场签证确认等的费用。
③ 明细表由招标人填写，如不能详列，也可只列暂定金额总额，投标人应将上述暂列金额计入投标总价中。

考点二：暂估价
① 暂估价是指招标人提供的用于支付必然要发生但暂时不能确定价格的材料、工程设备以及专业工程的金额。

② 材料暂估单价、工程设备暂估单价：单价，按照造价信息或市场价格估算。由招标人填写，计入清单综合单价。
③ 暂估价数量和拟用项目应结合工程量清单中的"暂估价表"予以补充说明。
④ 专业工程暂估价：综合的，包括人、材、机、管理费和利润，分不同的专业列明细表。由招标人填写，投标人将此计入投标总价，按合同约定金额结算。

考点三：计日工

在施工过程中，承包人完成发包人提出的工程合同范围以外的零星项目或工作，按合同中约定的单价计价的一种方式。

零星工作一般是指合同约定之外的或者因变更而产生的、工程量清单中没有相应项目的额外工作，尤其是那些时间不允许事先商定价格的额外工作。

计算	招标控制价：暂定的数量×计日工单价(信息价) 投标报价：暂定的数量×计日工单价(已标价清单中的) 计日工结算：实际签证确认的量×计日工单价(已标价清单中的)

考点四：总承包服务费

总承包服务费是指总承包人为配合协调发包人进行的专业工程发包，对发包人自行采购的材料、工程设备等进行保管以及施工现场管理、竣工资料汇总整理等服务所需的费用。

招标人应预计该项费用并按投标人的投标报价向投标人支付该项费用。

应验实践

项目编码.mp4

【例题·多选】根据《建设工程工程量清单计价规范》(GB 50500—2013)，在其他项目清单中，应由投标人自主确定价格的有(　　)。

A. 暂列金额　　　　　　B. 专业工程暂估价
C. 材料暂估单价　　　　D. 计日工单价
E. 总承包服务费

【答案】DE

【解析】本题考查的是工程量清单编制。计日工单价和总承包服务费，投标时由投标人自主报价。选项 ABC 由招标人确定。

五、规费、增值税项目清单

考点速览

规费项目清单应按照养老保险费、失业保险费、医疗保险费、工伤保险费、生育保险费、住房公积金列项。

规费和增值税必须按国家或省级、行业建设主管部门的规定计算，不得作为竞争性费用。

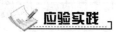

【例题·多选】关于工程量清单及其编制，下列说法中正确的有(　　)。
　　A. 招标工程量清单必须作为投标文件的组成部分
　　B. 安全文明施工费应列入以"项"为单位计价的措施项目清单中
　　C. 招标工程量清单的准确性和完整性由其编制人负责
　　D. 暂列金额中包括用于施工中必然发生但暂不能确定价格的材料、设备的费用
　　E. 计价规范中未列的规费项目，应根据省级政府或省级有关权力部门的规定列项
【答案】DE
【解析】本题考查的是工程量清单编制。计日工单价和总承包服务费，投标时由投标人自主报价。选项 A、B、C 由招标人确定。

第五节　最高投标限价的编制

最高投标限价编制
- 最高投标限价概述
- 最高投标限价的编制规定与依据
- 最高投标限价的编制内容
- 最高投标限价的确定

一、最高投标限价概述

考点一：最高投标限价的概念

最高投标限价，又称招标控制价，是招标人根据国家或省级、行业建设主管部门颁发的有关计价依据和办法，依据拟定的招标文件和招标工程量清单，结合工程具体情况发布的对投标人的投标报价进行控制的最高价格。

最高投标限价和标底是两个不同的概念。

标底是招标人的预期价格，最高投标限价是招标人可接受的上限价格。

招标人不得以投标报价超过标底上下浮动范围作为否决投标的条件，但是投标人报价超过最高投标限价时将被否决。

标底需要保密，最高投标限价则需要在发布招标文件时公布。

考点二：最高投标限价的作用
① 最高投标限价的编制可有效控制投资。
② 最高投标限价的编制提高了透明度，避免了暗箱操作等违法活动的产生。
③ 在最高投标限价的约束下，各投标人自主报价、公开公平竞争，有利于引导投标人进行理性竞争，符合市场规律。

考点三：采用最高投标限价招标应注意的问题
① 若"最高限价"大大高于市场平均价时，就预示中标后利润很丰厚，只要投标不超过公布的限额都是有效投标，从而可能诱导投标人串标、围标。
② 若招标文件公布的最高限价远远低于市场平均价，就会影响招标效率。

二、最高投标限价的编制规定与依据

考点速览

措施项目费的记忆口诀.mp4

考点一：编制最高投标限价的规定
① 根据住房和城乡建设部颁布的《建筑工程施工发包与承包计价管理办法》（住建部令第 16 号）的规定，国有资金投资的建筑工程招标的，应当设有最高投标限价；非国有资金投资的建筑工程招标的，可以设有最高投标限价或者招标标底。《建设工程工程量清单计价规范》(GB 50500—2013)规定，国有资金投资的工程建设项目应实行工程量清单招标，招标人应编制最高投标限价，并应当拒绝高于最高投标限价的投标报价。
② 最高投标限价应由具有编制能力的招标人或受其委托，具有相应资质的工程造价咨询人编制。工程造价咨询人不得同时接受招标人和投标人对同一工程的最高投标限价和投标报价的编制。
③ 为防止招标人有意压低投标人的报价，最高投标限价应在招标文件中公布，对所编制的最高投标限价不得按照招标人的主观意志人为地进行上浮或下调。在公布最高投标限价时，除公布最高投标限价的总价外，还应公布各单位工程的分部分项工程费、措施项目费、其他项目费、规费和增值税。
④ 招标人应将最高投标限价及有关资料报送工程所在地工程造价管理机构备查。最高投标限价超过批准的概算时，招标人应将其报原概算审批部门审核。
⑤ 投标人经复核认为招标人公布的最高投标限价未按照《建设工程工程量清单计价规范》(GB 50500—2013)的规定进行编制的，应在最高投标限价公布后 5 天内向招投标监督机构和工程造价管理机构投诉。
当最高投标限价复查结论与原公布的最高投标限价误差大于±3%时，应责成招标人改正。当重新公布最高投标限价时，若从重新公布之日起至原投标截止时间不足 15 天的，应延长投标截止期。

考点二：最高投标限价的编制依据
① 现行国家标准《建设工程工程量清单计价规范》(GB 50500—2013)与各专业工程工程量计算规范。
② 国家或省级、行业建设主管部门颁发的计价定额和计价办法。

③ 建设工程设计文件及相关资料。
④ 拟定的招标文件及招标工程量清单。
⑤ 与建设项目相关的标准、规范、技术资料。
⑥ 施工现场情况、工程特点及常规施工方案。
⑦ 工程造价管理机构发布的人工、材料、设备及机械单价等工程造价信息；工程造价信息没有发布的，参照市场价。
⑧ 其他相关资料。

应验实践

【例题1·单选】关于招标控制价的相关规定，下列说法中正确的是( )。
A. 国有资金投资的工程建设项目，应编制招标控制价
B. 招标控制价应在招标文件中公布，仅需公布总价
C. 招标控制价超过批准概算 3%以内时，招标人不必将其报原概算审批部门审核
D. 当招标控制价复查结论超过原公布的招标控制价 3%以内时，应责成招标人改正

暂列金额和暂估价的区别.mp4

【答案】A
【解析】本题考查的是最高投标限价的编制。招标控制价应在招标文件中公布，除需公布总价以外，还要公布各单位工程的分部分项工程费、措施项目费、其他项目费、规费以及增值税。招标控制价只要超过批准概算，招标人应将其报原概算审批部门审核。当招标控制价复查结论超过原公布的招标控制价 3%以外时，应责成招标人改正。

【例题2·单选】关于招标控制价及其编制，下列说法中正确的是( )。
A. 招标人不得拒绝高于招标控制价的投标报价
B. 当重新公布招标控制价时，原投标截止期不变
C. 经复核认为招标控制价误差大于±3%时，投标人应责成招标人改正
D. 投标人经复核认为招标控制价未按规定编制的，应在招标控制价公布后 5 日内提出投诉

【答案】D
【解析】本题考查的是最高投标限价的编制。招标人拒绝高于招标控制价的投标报价。当重新公布招标控制价时，应延长投标截止期。经复核认为招标控制价误差大于±3%时，招投标监督机构和工程造价管理机构应责成招标人改正。

三、最高投标限价的编制内容

考点速览

最高投标限价的编制内容包括分部分项工程费、措施项目费、其他项目费、规费和增值税，各个部分有不同的计价要求。

第六章 工程施工招投标阶段造价管理

考点一：分部分项工程费的编制要求

为使最高投标限价与投标报价所包含的内容一致，综合单价中应包括招标文件中要求投标人所承担的风险内容及其范围(幅度)产生的风险费用，文件没有明确的，应提请招标人明确。

考点二：措施项目费的编制要求

① 措施项目费中的安全文明施工费应当按照国家或省级、行业建设主管部门的规定标准计价，该部分不得作为竞争性费用。

② 措施项目应按招标文件中提供的措施项目清单确定，措施项目分为以"量"计算和以"项"计算两种。

考点三：其他项目费的编制要求

① 暂列金额。可根据工程的复杂程度、设计深度、工程环境条件(包括地质、水文、气候条件等)进行估算。

② 暂估价。暂估价中的材料和工程设备单价应按照工程造价管理机构发布的工程造价信息中的材料和工程设备单价计算，如果发布的部分材料和工程设备单价为一个范围，宜遵循就高原则编制最高投标限价。

工程造价信息未发布的材料和工程设备单价，其单价参考市场价格估算。

③ 计日工。计日工包括人工、材料和施工机械。在编制最高投标限价时，对计日工中的人工单价和施工机械台班单价应按省级、行业建设主管部门或其授权的工程造价管理机构公布的单价计算。

材料应按工程造价管理机构发布的工程造价信息中的材料单价计算，如果发布的部分材料单价为一个范围，宜遵循就高原则编制最高投标限价；工程造价信息未发布单价的材料，其价格应在确保信息来源可靠的前提下，按市场调查、分析确定的单价计算，并计取一定的企业管理费和利润。

规费的记忆口诀.mp4

④ 总承包服务费。编制最高投标限价时，总承包服务费应按照省级或行业建设主管部门的规定计算，或者根据行业经验标准计算。针对一般情况，可参考的常用标准如下：

a. 招标人仅要求对分包的专业工程进行总承包管理和协调时，按分包的专业工程估算造价的1.5%计算。

b. 招标人要求对分包的专业工程进行总承包管理和协调，并同时要求提供配合服务时，根据招标文件中列出的配合服务内容和提出的要求，按分包的专业工程估算造价的3%～5%计算。

c. 招标人自行供应材料、工程设备的，按招标人供应材料、工程设备价值的1%计算。

应验实践

【例题·单选】 招标人要求总承包人对专业工程进行统一管理和协调的，总承包人可计取总承包服务费，其取费基数为( )。

A. 专业工程估算造价 B. 投标报价总额
C. 分部分项工程费用 D. 分部分项工程费与措施费之和

【答案】A

【解析】本题考查的是最高投标限价的编制。招标人要求总承包人对专业工程进行统一管理和协调的，总承包人可计取总承包服务费，其取费基数为专业工程估算造价。

四、最高投标限价的确定

考点速览

考点一：最高投标限价计价程序

建设工程的最高投标限价反映的是单位工程费用，各单位工程费用由分部分项工程费、措施项目费、其他项目费、规费和增值税组成。

考点二：综合单价中风险的确定

编制最高投标限价在确定其综合单价时，应根据招标文件中关于风险的约定考虑一定范围内的风险因素，以百分比的形式预留一定的风险费用。

招标文件中应说明双方各自承担风险所包括的范围及超出该范围的价格调整方法。

对于招标文件中未作要求或要求不清晰的可按以下原则确定。

① 技术难度较大和管理复杂的项目，可考虑一定的风险费用纳入到综合单价中。
② 工程设备、材料价格的市场风险，考虑一定率值的风险费用，纳入到综合单价中。
③ 增值税、规费等法律、法规、规章和政策变化风险和人工单价等风险费用，不应纳入综合单价。

应验实践

【例题·多选】根据《建设工程工程量清单计价规范》(GB 50500—2013)规定，招标控制价的综合单价中应考虑的风险因素包括(　　)。

A. 项目管理的复杂性　　B. 项目的技术难度
C. 人工单价的市场变化　　D. 材料价格的市场风险
E. 税金、规费的政策变化

【答案】ABD

【解析】本题考查的是最高投标限价的编制。综合单价中风险的确定：①技术难度较大和管理复杂的项目，可考虑一定的风险费用纳入到综合单价中；②工程设备、材料价格的市场风险，考虑一定率值的风险费用，纳入到综合单价中；③增值税、规费等法律、法规、规章和政策变化风险和人工单价等风险费用，不应纳入综合单价。

第六节 投标报价的编制

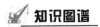

```
                        ┌─ 投标报价的编制原则与依据
                        │
                        ├─ 投标报价的前期工作
        投标报价编制 ───┤
                        ├─ 询价与工程量复核
                        │
                        └─ 投标报价的编制方法和内容
```

一、投标报价的编制原则与依据

考点一：投标报价的编制原则

① **自主确定**，但必须执行相关强制性规定；**自行或委托造价咨询人编制**。

② 投标报价**不得低于成本**；明显低于标底，可能低于个别成本，应当要求该投标人**作出书面说明并提供证明材料。不能提供的，否决其投标**。

③ 投标人应对影响工程施工的现场条件进行全面考察，依据招标人介绍情况作出的判断和决策，由投标人自行负责。

④ 投标报价以**招标文件中设定的发承包双方责任划分**，作为考虑投标报价费用项目和费用计算的基础。

⑤ 以**施工方案、技术措施**作为投标报价计算的基本条件，以**企业定额**作为计算人、材、机消耗量的基本依据。

⑥ 报价计算方法要科学严谨、简明适用。

考点二：投标报价的编制依据

招标工程量清单	招标控制价	投标报价
清单计价规范；国家或省级、行业主管部门颁发的计价办法		
设计文件；项目有关的标准、规范、技术资料		
计价定额		企业定额、计价定额
拟定的招标文件	拟定的招标文件、招标工程量清单	招标文件、工程量清单及补充通知、答疑纪要
施工现场情况、工程特点、地勘水文资料、常规施工方案	施工现场情况、工程特点、常规施工方案	施工现场情况、工程特点、投标时拟定的施工组织设计或施工方案
施工现场情况、工程特点、地勘水文资料、常规施工方案	工程造价信息，无时参照市场价	工程造价信息、市场价格信息

二、投标报价的前期工作

考点速览

1. 研究招标文件

考点一：投标人须知

投标人须知反映了招标人对投标的要求，特别要注意项目的资金来源、投标书的编制和递交、投标保证金、更改或备选方案、评标方法等，重点在于防止投标被否决。

考点二：合同分析

合同形式分析。主要分析承包方式(如分项承包、施工承包、设计与施工总承包和管理承包等)、计价方式(如单价方式、总价方式、成本加酬金方式等)。

考点三：技术标准和要求分析

工程技术标准：按工程类型描述工程技术和工艺内容特点，对设备、材料、施工和安装方法等所规定的技术要求，有的是对工程质量进行检验、试验和验收所规定的方法和要求。

与工程量清单中各子项工作密不可分，忽视可能会导致工程承包重大失误和亏损。

考点四：图纸分析

图纸的详细程度取决于招标人提供的施工图设计所达到的深度和所采用的合同形式。

2. 调查工程现场

考点一：自然条件

自然条件包括水文、气象、地质等。

考点二：施工条件

施工条件包括现场的三通一平情况、有无特殊交通限制等。

考点三：其他条件

其他条件包括构件、半成品及商品混凝土的供应能力和价格、现场附近的生活设施等。

应验实践

【例题 1·单选】投标人在投标前期研究招标文件时，对合同形式进行分析的主要内容为(　　)。

A. 承包商任务　　　　B. 计价方式
C. 付款办法　　　　　D. 合同价款调整

【答案】B

【解析】本题考查的是投标报价编制。合同形式分析主要分析承包方式(如分项承包、施工承包、设计与施工总承包和管理承包等)、计价方式(如单价方式、总价方式、成本加酬金方式等)。

【例题 2·单选】施工投标报价的主要工作有：①复核工程量；②研究招标文件；③确

定基础标价；④编制投标文件。其正确的工作流程是( )。
A. ①②③④ B. ②③①④
C. ①②④③ D. ②①③④

【答案】D

【解析】本题考查的是投标报价编制。施工投标报价的工作流程是：研究招标文件→复核工程量→确定基础标价→编制投标文件。

三、询价与工程量复核

考点速览

考点一：询价
(1) 询价的渠道。
① 直接与生产厂商联系。
② 了解生产厂商的代理人或从事该项业务的经纪人。
③ 了解经营该项产品的销售商。
④ 向咨询公司进行询价，通过咨询公司所得到的询价资料比较可靠，但需要支付一定的咨询费用，也可向同行了解。
⑤ 通过互联网查询。
⑥ 自行进行市场调查或信函询价。

总承包服务费.mp4

(2) 生产要素询价。
① 材料询价。
② 施工机械询价。
③ 劳务询价。
(3) 分包询价。
对分包人询价应注意以下几点：分包标函是否完整，分包工程单价所包含的内容，分包人的工程质量、信誉及可信赖程度，质量保证措施，分包报价。

考点二：复核工程量
工程量的大小是投标报价编制的直接依据。
① 在投标时间允许的情况下可以对主要项目的工程量进行复核，对比与招标文件提供的工程量差距，从而考虑相应的投标策略，决定报价尺度。
② 也可根据工程量的大小采取合适的施工方法，选择适用、经济的施工机具设备，投入使用相应的劳动力数量。
③ 还能确定大宗物资的预订及采购数量，防止由于超量或少购等带来的浪费、积压或停工待料。
投标人复核工程量，要与招标文件所给的工程量进行对比，应注意以下几方面。
① 投标人应认真根据招标说明、图纸、地质资料等招标文件资料，计算主要清单工程量，复核工程量清单。
② 为响应招标文件，投标人复核工程量的目的不是修改工程量清单，即使有误，投

标人也不能修改工程量清单中的工程量。对于工程量清单中存在的错误，投标人可以向招标人提出，由招标人统一修改，并把修改情况通知所有投标人。

③ 针对工程量清单中工程量的遗漏或错误，是否向招标人提出修改意见取决于投标策略。投标人可以运用一些报价技巧提高报价质量，以此获得更大的收益。

④ 通过工程量计算复核能准确地确定订货及采购物资的数量，防止由于超量或少购带来的浪费、积压和停工待料。

应验实践

【例题 1 · 多选】复核工程量是投标人编制投标报价前的一项重要工作。通过复核工程量，便于投标人( )。

A. 决定报价尺度 B. 采取合适的施工方法
C. 选用合适的施工机具 D. 决定投入劳动力数量
E. 选用合适的承包方式

【答案】ABCD

【解析】复核工程量的准确程度，将影响承包商的经营行为：一是根据复核后的工程量与招标文件提供的工程量之间的差距，从而考虑相应的投标策略，决定报价尺度；二是根据工程量的大小采取适宜的施工方法，选择适用、经济的施工机具设备，投入使用相应的劳动力数量等。

【例题 2 · 单选】相较于在劳务市场招募零散劳动力，承包人选用成建制劳务公司的劳务具有( )的特点。

A. 价格低，管理强度低 B. 价格高，管理强度低
C. 价格低，管理强度高 D. 价格高，管理强度高

【答案】B

【解析】成建制的劳务公司，相当于劳务分包，一般费用较高，但人员素质较高，工作效率较高，承包商的管理工作较轻。

四、投标报价的编制方法和内容

考点速览

1. 分部分项工程和单价措施项目清单与计价表的编制

考点一：分部分项工程和单价措施项目清单与计价表的编制

综合单价包括完成一个规定工程量清单项目所需的人工费、材料和工程设备费、施工机具使用费、企业管理费、利润以及一定范围内风险费用的分摊。

(1) 确定综合单价时的注意事项。

① 以项目特征描述为依据。在招标投标过程中，当出现招标工程量清单特征描述与设计图纸不符时，投标人应以招标工程量清单的项目特征描述为准，确定投标报价的综合单价。

② 考虑合理的风险。招标文件中要求投标人承担的风险费用，投标人应考虑计入综合单价。

  a. 对于主要由市场价格波动导致的价格风险，如工程造价中的建筑材料、燃料等价格风险，发承包双方应当在招标文件中或在合同中对此类风险的范围和幅度予以明确约定，进行合理分摊。

  b. 对于法律、法规、规章或有关政策出台导致工程增值税、规费、人工费发生变化，并由省级、行业建设行政主管部门或其授权的工程造价管理机构根据上述变化发布的政策性调整，以及由政府定价或政府指导价管理的原材料等价格进行了调整，承包人不应承担此类风险，应按照有关调整规定执行。

  c. 对于承包人根据自身技术水平、管理、经营状况能够自主控制的风险，如承包人的管理费、利润的风险，承包人应结合市场情况，根据企业自身的实际，合理确定、自主报价，该部分风险由承包人全部承担。

(2) 综合单价确定的步骤和方法。

① 确定计算基础。计算基础主要包括消耗量指标和生产要素单价。确定完成清单项目需要消耗的各种人工、材料、机具台班的数量，优先采用企业定额。

② 分析每一清单项目的工程内容。

③ 计算工程内容的工程数量与清单单位的含量。

清单单位含量是指每一计量单位的清单项目所分摊的工程内容的工程数量。

清单单位含量=某工程内容的定额工程量/清单工程量

④ 分部分项工程人工、材料、施工机具使用费的计算。投标报价中每一计量单位清单项目的分部分项工程的人工费、材料费、施工机具使用费的计算式为

人工费={定额项目工程×(定额人工消耗量×人工单价)}/清单工程量

材料费={定额项目工程×(定额材料消耗量×材料单价)}/清单工程量

当招标人提供的其他项目清单中列示了材料暂估价时，应根据招标人提供的价格计算材料费，并在分部分项工程量清单与计价表中表现出来。

⑤ 计算综合单价。企业管理费和利润的计算可按照规定的取费基数以及一定的费率取费计算。

企业管理费=(人工费+施工机具使用费)×企业管理费费率

利润=(人工费+施工机具使用费)×利润率

将上述五项费用汇总，并考虑合理的风险费用后，即可得到清单综合单价。

考点二：总价措施项目清单与计价表的编制

投标人对措施项目中的总价项目投标报价应遵循以下原则。

① 措施项目的内容应依据招标人提供的措施项目清单和投标人投标时拟定的施工组织设计或施工方案确定。

② 措施项目费由投标人自主确定，但其中安全文明施工费必须按照国家或省级、行业建设主管部门的规定计价，不得作为竞争性费用。招标人不得要求投标人对该项费用进行优惠，投标人也不得将该项费用参与市场竞争。

2. 其他项目清单与计价表的编制

暂列金额明细表	由招标人填写。投标人暂列金额应按照招标人提供的其他项目清单中列出的金额填写，不得变动
材料(工程设备)暂估单价及调整表	暂估价不得变动和更改。 由招标人填写"暂估单价"，并说明用在哪些清单项目上，投标人应将上述暂估价计入工程量清单综合单价报价中
专业工程暂估价及结算价表	"暂估金额"由招标人填写，投标人应将"暂估金额"计入投标总价中。结算时，按合同约定结算金额填写
计日工表	项目名称、暂定数量由招标人填写，编制最高投标限价时，单价由招标人确定；投标时，单价由投标人自主报价，按暂定数量计算合价计入投标总价中。结算时，按发承包双方确认的实际数量计算合价
总承包服务费计价表	项目名称、服务内容由招标人填写，编制最高投标限价时，费率及金额由招标人确定；投标时，费率及金额由投标人自主报价，计入投标总价中

3. 规费、增值税项目清单与计价表的编制

规费和增值税应按国家或省级、行业建设主管部门的规定计算，不得作为竞争性费用。

4. 投标报价的汇总

投标人的投标总价应当与组成工程量清单的分部分项工程费、措施项目费、其他项目费和规费、增值税的合计金额相一致，即投标人在进行工程量清单招标的投标报价时，不能进行投标总价优惠(或降价、让利)，投标人对投标报价的任何优惠(或降价、让利)均应反映在相应清单项目的综合单价中。

应验实践

【例题1·单选】投标人在投标报价时，应优先被采用为综合单价编制依据的是( )。

A. 企业定额　　　　　　B. 地区定额
C. 行业定额　　　　　　D. 国家定额

【答案】A

【解析】本题考查的是投标报价编制。投标人在投标报价时，应优先被采用为综合单价编制依据的是企业定额。

【例题2·单选】根据《建设工程工程量清单计价规范》(GB 50500—2013)规定，在招标文件未另有要求的情况下，投标报价的综合单价一般要考虑的风险因素是( )。

A. 政策法规的变化　　　　B. 人工单价的市场变化
C. 政府定价材料的价格变化　　D. 管理费、利润的风险

【答案】D

【解析】本题考查的是投标报价编制。对于承包人根据自身技术水平、管理、经营状况能够自主控制的风险，如承包人的管理费、利润的风险，承包人应结合市场情况，根据企业自身的实际合理确定、自主报价，该部分风险由承包人全部承担。

【例题 3·单选】根据《建设工程工程量清单计价规范》(GB 50500—2013)规定，关于施工发承包投标报价的编制，下列做法正确的是(　　)。

  A. 设计图纸与招标工程量清单项目特征描述不同的，以设计图纸特征为准
  B. 暂列金额应按照招标工程量清单中列出的金额填写，不得以变动以后发生的为准，以招标工程量清单为准
  C. 材料、工程设备暂估价应按暂估单价，乘以所需数量后计入其他项目费
  D. 总承包服务费应按照投标人提出的协调、配合和服务项目自主报价

【答案】B

【解析】本题考查的是投标报价编制。设计图纸与招标工程量清单项目特征描述不同的，以招标工程量清单特征为准。材料、工程设备暂估价应按暂估单价计入分部分项工程量清单综合单价中。总承包服务费应按照招标人提出的协调、配合和服务项目自主报价。

第七章

工程施工和竣工阶段造价管理

章节导学

```
                                    ┌── 工程施工成本管理
                                    ├── 工程变更管理
                                    ├── 工程索赔管理
工程施工和竣工阶段造价管理 ────────┤
                                    ├── 工程计量和支付
                                    ├── 工程结算
                                    └── 竣工决算
```

第一节　工程施工成本管理

知识图谱

```
                        ┌── 施工成本管理流程
工程施工成本管理 ──────┤
                        └── 施工成本管理内容
```

一、施工成本管理流程

考点速览

考点：施工成本管理流程

施工成本管理是一个有<u>机联系</u>与<u>相互制约</u>的系统过程，施工成本管理流程如下图所示。

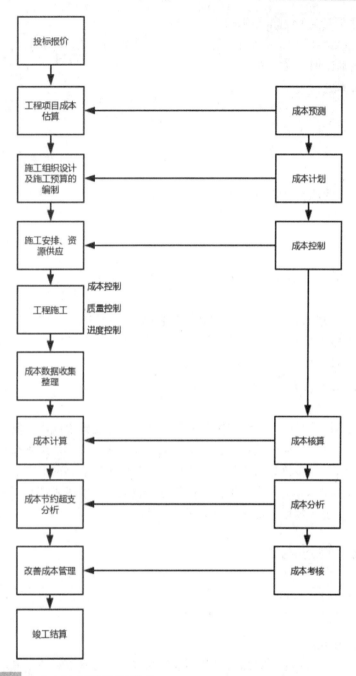

① **成本预测**是成本计划的编制基础。
② **成本计划**是开展成本控制和核算的基础。
③ **成本控制**能对成本计划的实施进行监督，保证成本计划的实现。
④ **成本核算**是成本计划是否实现的最后检查，成本核算所提供的成本信息又是成本预测、成本计划、成本控制和成本考核等的依据。
⑤ **成本分析**为成本考核提供依据，也为未来的成本预测与成本计划指明方向。
⑥ **成本考核**是实现成本目标责任制的保证和手段。

施工成本管理流程应遵循下列程序。
(1) 掌握成本测算数据(生产要素的价格信息及中标的施工合同价)。
(2) 编制成本计划,确定成本实施目标。
(3) 进行成本控制。
(4) 进行施工过程成本核算。
(5) 进行施工过程成本分析。
(6) 进行施工过程成本考核。
(7) 编制施工成本报告。
(8) 施工成本管理资料归档。

应验实践

【例题·单选】关于施工成本管理各项工作之间的关系,说法正确的是( )。
　　A. 成本计划能对成本控制的实施进行监督
　　B. 成本核算是成本计划的基础
　　C. 成本测算是实现成本目标的保证
　　D. 成本分析为成本考核提供依据

其他项目清单与
计价表的编制.mp4

【答案】D
【解析】成本测算是成本计划的编制基础,成本计划是开展成本控制和核算的基础;成本控制能对成本计划的实施进行监督,保证成本计划的实现,而成本核算是成本计划是否实现的最后检查,成本核算所提供的成本信息又是成本测算、成本计划、成本控制和成本考核等的依据;成本分析为成本考核提供依据,也为未来的成本测算与成本计划指明方向;成本考核是实现成本目标责任制的保证和手段。

二、施工成本管理内容

考点速览

考点一:成本预测
　　施工成本预测是指施工承包单位及其项目经理部有关人员凭借历史数据和工程经验,运用一定方法对工程项目未来的成本水平及其可能的发展趋势作出科学估计。工程项目成本预测是工程项目成本计划的依据。预测时,通常是对工程项目计划工期内影响成本的因素进行分析,比照近期已完工程项目或将完工项目的成本(单位成本),预测这些因素对施工成本的影响程度,估算出工程项目的单位成本或总成本。
　　施工成本预测的方法可分为定性预测和定量预测两大类。

第七章 工程施工和竣工阶段造价管理

📝 **应验实践**

【例题·多选】下列成本预测的方法中，属于定量预测的有( )。
A. 座谈会法　　　　　　　　B. 函询调查法
C. 加权平均法　　　　　　　D. 回归分析法

【答案】CD

【解析】定性预测有座谈会法和函询调查法，定量预测有加权平均法和回归分析法。

考点二：成本计划

成本计划是在成本预测的基础上，施工承包单位及其项目经理部对计划期内工程项目成本水平所作的筹划。施工项目成本计划是以货币形式表达的项目在计划期内的生产费用、成本水平及为降低成本采取的主要措施和规划的具体方案。成本计划是目标成本的一种表达形式，是建立项目成本管理责任制、开展成本控制和核算的基础，是进行成本费用控制的主要依据。

(1) 成本计划的内容。

施工成本计划包括直接成本计划、间接成本计划。

(2) 成本编制方法。

① 目标利润法。目标利润法是指根据工程项目的合同价格扣除目标利润后得到目标总成本并进行分解的方法。

② 技术进步法。技术进步法是以工程项目计划采取的技术组织措施和节约措施所能取得的经济效果为项目成本降低额，求得项目目标成本的方法。

③ 按实计算法。按实计算法是以工程项目的实际资源消耗测算为基础，根据所需资源的实际价格，详细计算各项活动或各项成本组成的目标成本。

④ 定率估算法(历史资料法)。当工程项目非常庞大和复杂而需要分为几个部分时采用的方法(参照同类工程项目的历史数据)。

📝 **应验实践**

【例题·多选】成本编制的方法有( )。
A. 目标利润法　　　　　　　B. 技术进步法
C. 按实计算法　　　　　　　D. 定率估算法

【答案】ABCD

【解析】成本编制的方法有目标利润法、技术进步法、按实计算法、定率估算法。其中定率估算法也称为历史资料法。

考点三：成本控制

施工成本控制包括计划预控、过程控制和纠偏控制三个重要环节。

施工成本控制的方法有成本分析表法(包括月成本分析表、成本日报或周报表、月成本计算及最终预测报告表)、工期—成本同步分析法、挣值分析法(也称为赢得值法)、价值工程方法。

应验实践

【例题1·多选】 施工成本控制包括( )几个环节。
  A. 计划预控 B. 过程控制
  C. 纠偏控制 D. 施工控制

【答案】ABC

【解析】施工成本控制包括计划预控、过程控制和纠偏控制三个重要环节。

【例题2·多选】 下列选项中属于成本控制方法的有( )。
  A. 成本分析表法 B. 工期—成本同步分析法
  C. 挣值分析法 D. 价值工程方法

【答案】ABCD

【解析】成本控制的方法有成本分析表法、工期—成本同步分析法、挣值分析法和价值工程法。

【例题3·单选】 下列选项中不属于常见的成本分析表的有( )。
  A. 成本日报表 B. 成本周报表
  C. 月成本计算及最终预测报告表 D. 成本年报表

【答案】D

【解析】常见的成本分析表有月成本分析表、成本日报或周报表、月成本计算及最终预测报告表。

【例题4·单选】 下列施工成本管理方法中,能预测在建工程尚需成本数额,为后续工程施工成本和进度控制指明方向的方法是( )。
  A. 工期—成本同步分析法 B. 价值工程法
  C. 挣值分析法 D. 因素分析法

【答案】C

【解析】挣值分析法是对工程项目成本/进度进行综合控制的一种分析方法。该方法通过计算后续未完工程的计划成本余额,预测其尚需的成本数额,从而为后续工程施工的成本、进度控制指明方向。

考点四:成本核算

对工程项目施工过程中所发生的各项费用进行归集,统计其实际发生额,并计算工程项目总成本和单位工程成本的管理工作。成本核算所提供的各种信息,是**成本分析和成本考核的依据**。

(1) 成本核算的对象和范围。

施工项目经理部应建立和健全以**单位工程**为对象的成本核算账务体系。

(2) 成本核算方法。

① **表格核算法**。

优点:比较简洁明了,直观易懂,易于操作,适时性较好。

缺点:覆盖范围较窄,核算债权债务等比较困难,且较难实现科学严密的审核制度,有可能造成数据失实,精度较差。

② 会计核算法。

优点：核算严密，逻辑性强，人为调节的可能因素较少，核算范围较大。

缺点：对核算人员的专业水平要求较高。

(3) 成本费的归集与分配。

进行成本核算时，能够直接计入有关成本核算对象的，直接计入；不能直接计入的，采用一定的分配方法分配计入各成本核算对象成本，然后计算出工程项目的实际成本。

① 人工费。一般应根据企业实行的具体工资制度而定。一般采用实用工时比例或定额工时比例进行分配。

② 材料费。工程项目耗用的材料，应根据限额领料单、退料单、报损报耗单、大堆材料耗用计算单等计入工程项目成本。

③ 施工机具使用费。按自有机具和租赁机具分别加以核算。从外单位或本企业内部独立核算的机械站租入施工机具支付的租赁费，直接计入成本核算对象的机具使用费。

在施工机具使用费中，占比例最大的往往是施工机具折旧费。

固定资产折旧从固定资产投入使用月份的次月起，按月计提。停止使用的固定资产，从停用月份的次月起，停止计提折旧。

折旧年限和折旧方法一经确定，不得随意变更。需要变更的，由企业提出申请，并在变更年度前报主管财政机关批准。主要有以下几种方法。

a. 平均年限法：平均年限法的计算公式为

年折旧率=(1-预计净残值率)÷折旧年限×100%

年折旧额=固定资产原值×年折旧率

b. 工作量法：是指按照固定资产生产经营过程中所完成的工作量计提折旧的一种方法，适用于各种时期使用程度不同的专业机械、设备。

c. 双倍余额递减法：是指按照固定资产账面净值和固定的折旧率计算折旧的方法，它属于一种加速折旧的方法，并且在计算年折旧率时不考虑预计净残值率。

年折旧率=2÷折旧年限×100%

年折旧额=固定资产账面净值×年折旧率

施工成本管理流程
12字记忆.mp4

实行双倍余额递减法的固定资产，应当在其固定资产折旧年限到期前两年内，将固定资产账面净值扣除预计净残值后的净额平均摊销。

d. 年数总和法：也称年数总额法，是指以固定资产原值减去预计净残值后的余额为基数，按照逐年递减的折旧率计提折旧的一种方法，属于加速折旧的方法。

年折旧率=(折旧年限-已使用年数)÷[折旧年限×(折旧年限+1)÷2]×100%

年折旧额=(固定资产原值-预计净残值)×年折旧率

(4) 措施费。

凡能分清受益对象的，应直接计入受益成本核算对象中。如与若干个成本核算对象有关的，可先归集到措施费总账中，月末再按适当的方法分配计入有关成本核算对象的措施费中。

(5) 间接成本。

凡能分清受益对象的间接成本，应直接计入受益成本核算对象中去；否则先在项目"间接成本"总账中进行归集，月末再按一定的分配标准计入受益成本核算对象。分配的方法：土建工程是以实际成本中直接成本为分配依据，安装工程则以人工费为分配依据。

土建(安装)工程间接成本分配率=土建(安装)工程分配的间接成本总额÷全部土建工程直接成本(安装工程人工费)总额

土建(安装)分配的间接成本=土建工程直接成本(安装工程人工费)×土建(安装)工程间接成本分配率

应验实践

【例题1·多选】成本核算的方法有( )。
A. 表格核算法　　　　　　B. 会计核算法
C. 平均年限法　　　　　　D. 年数总和法

【答案】AB

【解析】成本核算的方法有表格核算法和会计核算法两种。

【例题2·多选】在施工机具使用费中，占比例最大的往往是施工机具折旧费，折旧年限的折旧方法主要有( )。
A. 平均年限法　　　　　　B. 工作量法
C. 双倍余额递减法　　　　D. 年数总和法

【答案】ABCD

【解析】折旧年限的折旧方法主要有平均年限法、工作量法、双倍余额递减法和年数总和法几种。年数总和法也称为年数总额法。

【例题3·计算】某项固定资产原价为100000元。预计净残值为1000元，预计使用年限为5年。采用双倍余额递减法计算各年的折旧额。

【答案】

年折旧率=$2÷5×100\%=40\%$

第一年折旧额=$100000×40\%=40000$(元)

第二年折旧额=$(100000-40000)×40\%=24000$(元)

第三年折旧额=$(100000-64000)×40\%=14400$(元)

第四年折旧额=$(100000-78400-1000)÷2=10300$(元)

第五年折旧额=$(100000-78400-1000)÷2=10300$(元)

【例题4·单选】施工项目经理部应建立和健全以( )为对象的成本核算账务体系。
A. 分项工程　　　　　　　B. 分部工程
C. 单位工程　　　　　　　D. 单项工程

【答案】C

【解析】施工项目经理部应建立和健全以单位工程为对象的成本核算账务体系，严格区分企业经营成本和项目生产成本，在工程项目实施阶段不对企业经营成本进行分摊，以正确反映工程项目可控成本的收、支、结、转的状况和成本管理业绩。

考点五：成本分析

成本分析是揭示工程项目成本变化情况及其变化原因的过程。成本分析为成本考核提供依据，也为未来的成本预测与成本计划编制指明方向。

(1) 成本分析的方法。

成本分析的基本方法包括比较法、因素分析法、差额计算法、比率法等。

(2) 综合成本分析方法的类别。

综合成本分析方法的类别有分部分项工程成本分析、月(季)度成本分析、年度成本分析、竣工成本的综合分析。

【例题1·多选】 成本分析的基本方法有( )。

A. 比较法　　　　　　　　B. 因素分析法

C. 差额计算法　　　　　　D. 比率法

【答案】 ABCD

【解析】 成本分析的基本方法包括比较法、因素分析法、差额计算法、比率法等。比较法又称指标对比分析法，因素分析法又称连环置换法。

【例题2·多选】 比较法通常有( )形式。

A. 将本期实际指标与目标指标对比

B. 本期实际指标与上期实际指标对比

C. 本期实际指标与本行业平均水平、先进水平对比

D. 所有期数综合对比

【答案】 AB

【例题3·单选】 下列选项中不属于常用比率法的是( )。

A. 相关比率法　　　　　　B. 构成比率法

C. 动态比率法　　　　　　D. 静态比率法

【答案】 D

【解析】 常用比率法包括相关比率法、构成比率法和动态比率法。

考点六：成本考核

成本考核是在工程项目建设过程中或项目完成后，定期对项目形成过程中的各级单位成本管理的成绩或失误进行总结与评价。

(1) 成本考核内容。

施工成本的考核包括企业对项目成本的考核和企业对项目经理部可控责任成本的考核。企业对项目成本的考核包括对施工成本目标(降低额)完成情况的考核和成本管理工作业绩的考核。为层层落实项目成本管理工作，项目经理对所属各部门、各施工队和班组也要进行成本考核，主要考核其责任成本的完成情况。

(2) 成本考核指标。

① 企业的项目成本考核指标为

项目施工成本降低额=项目施工合同成本-项目实际施工成本

项目施工成本降低率=项目施工成本降低率÷项目经理责任目标总成本×100%

② 项目经理部可控责任成本考核指标。
a. 项目经理责任目标总成本降低额和降低率为
目标总成本降低额=项目经理责任目标总成本-项目竣工结算总成本
目标总成本降低率=目标总成本降低额÷项目经理责任目标总成本×100%
b. 施工责任目标成本实际降低额和降低率为
施工责任目标成本实际降低额=施工责任目标总成本-工程竣工结算总成本
施工责任目标成本实际降低率=施工责任目标成本实际降低额÷施工责任目标总成本×100%
c. 施工计划成本实际降低额和降低率为
施工计划成本实际降低额=施工计划总成本-工程竣工结算总成本
施工计划成本实际降低率=施工计划成本实际降低额÷施工计划总成本×100%

施工承包单位应充分利用工程项目成本核算资料和报表，由企业财务审计部门对项目经理部的成本和效益进行全面审核，做好工程项目成本效益的考核与评价，并按照项目经理部的绩效，落实成本管理责任制的激励措施。

应验实践

【例题1·单选】下列施工成本考核指标中，属于施工企业对项目成本考核的是( )。
A. 项目施工成本降低率　　　　B. 目标总成本降低率
C. 施工责任目标成本实际降低率　D. 施工计划成本实际降低率

【答案】A

【解析】企业的项目成本考核指标为
项目施工成本降低额=项目施工合同成本-项目实际施工成本
项目施工成本降低率=项目施工成本降低额/项目施工合同成本×100%

【例题2·单选】采用目标利润法编制成本计划时，目标成本的计算方法是从( )中扣除目标利润。
A. 概算价格　　　　B. 预算价格
C. 合同价格　　　　D. 结算价格

【答案】C

【解析】目标利润法是指根据工程项目的合同价格扣除目标利润后得到目标成本的方法。

【例题3·单选】按工期—成本同步分析法，造成工程项目实施中出现虚盈现象的原因是( )。
A. 实际成本开支小于计划，实际施工进度落后计划
B. 实际成本开支等于计划，实际施工进度落后计划
C. 实际成本开支大于计划，实际施工进度等于计划
D. 实际成本开支小于计划，实际施工进度等于计划

【答案】A

【解析】工期—成本同步分析法中，如果成本与进度不对应，说明工程项目进展中出现虚盈或虚亏的不正常现象。施工成本的实际开支与计划不相符，往往是由两个因素引起的：一是在某道工序上的成本开支超出计划；二是某道工序的施工进度与计划不符。实际

施工进度落后于计划进度，可能导致实际成本开支小于计划成本，表现为虚盈。

第二节 工程变更管理

知识图谱

工程变更管理 ── 工程变更的范围
　　　　　　 ── 工程变更权
　　　　　　 ── 工程变更工作内容

一、工程变更的范围

考点速览

考点：工程变更的范围
(1) 增加或减少合同中任何工作，或追加额外的工作。
(2) 取消合同中任何工作，但转由他人实施的工作除外。
(3) 改变合同中任何工作的质量标准或其他特性。
(4) 改变工程的基线、标高、位置和尺寸。
(5) 改变工程的时间安排或实施顺序。

【例题·多选】关于工程变更的说法，错误的是(　　)。
　　A. 监理人要求承包人改变已批准的施工工艺或顺序属于变更
　　B. 发包人通过变更取消某项工作从而转由他人实施
　　C. 监理人要求承包人为完成工程需要追加的额外工作属于变更
　　D. 变更超过原设计标准或批准的建设规模时，设计人应及时办理规划、设计变更等审批手续
　　E. 因变更引起的价格调整应计入竣工结算
【答案】BDE

二、工程变更权

考点速览

考点：工程变更的程序
发包人和工程师指示：变更指示均通过工程师发出(应征得发包人同意)，承包人实施

变更。未经许可，承包人不得擅自对工程的任何部分进行变更。

涉及设计变更的：应由设计人提供变更后的图纸和说明。如变更超过原设计标准或批准的建设规模时，发包人应及时办理规划、设计变更等审批手续。

三、工程变更工作内容

考点速览

考点一：发包人提出变更
发包人提出变更的，应通过工程师向承包人发出变更指示，变更指示应说明计划变更的工程范围和变更的内容。

考点二：工程师提出变更建议
工程师提出变更建议的，需要向发包人以书面形式提出变更计划，说明计划变更工程范围和变更的内容、理由，以及实施该变更对合同价格和工期的影响。
发包人同意变更的，由工程师向承包人发出变更指示。
发包人不同意变更的，工程师无权擅自发出变更指示。

考点三：变更执行
承包人收到工程师下达的变更指示后：
① 认为不能执行，应立即提出不能执行该变更指示的理由；
② 认为可以执行变更的，应当书面说明实施该变更指示对合同价格和工期的影响，且合同当事人应当按照合同变更估价条款约定确定变更估价。

考点四：变更估价
变更估价原则如下。
(1) 已标价工程量清单或预算书有相同项目的，按照相同项目单价认定。
(2) 已标价工程量清单或预算书中无相同项目，但有类似项目的，参照类似项目的单价认定。
(3) 变更导致实际完成的变更工程量与已标价工程量清单或预算书中列明的该项目工程量的变化幅度超过15%的，或已标价工程量清单或预算书中无相同项目及类似项目单价的，按照合理的成本与利润构成的原则，由合同当事人按照合同约定方法确定变更工作的单价。

考点五：承包人的合理化建议
承包人提出合理化建议的，应向工程师提交合理化建议说明，说明建议的内容和理由，以及实施该建议对合同价格和工期的影响。

考点六：变更引起的工期调整

考点七：暂估价

	材料、工程设备	专业工程
非必须招标	承包人采购，发包人确认后取代暂估价，调整合同价款	按工程变更事件的合同价款调整方法，确定专业工程价款。取代暂估价，调整合同价款

续表

	材料、工程设备		专业工程
必须招标	中标价格取代暂估价，调整合同价款	中标价格取代暂估价，调整合同价款	承包人作为招标人，但招标文件、评标方法、评标结果报发包人批准。有关的费用被认为包含在承包人签约合同价中
			发包人作为招标人，有关费用发包人承担。同等条件下，优先选择承包人中标

考点八：暂列金额

暂列金额应按照发包人的要求使用，发包人的要求应通过工程师发出。

考点九：计日工

需要采用计日工方式的，经发包人同意后，由工程师通知承包人以计日工计价方式实施相应的工作，其价款按列入已标价工程量清单或预算书中的计日工计价项目及其单价进行计算；已标价工程量清单或预算书中无相应的计日工单价的，按照合理的成本与利润构成的原则，由合同当事人按照合同约定办法确定计日工的单价。

第三节 工程索赔管理

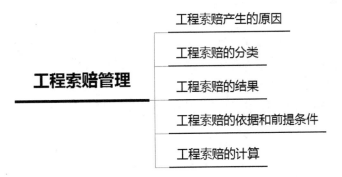

一、工程索赔产生的原因

考点：工程索赔产生的原因

工程索赔是由于发生了施工过程中有关方面不能控制的干扰事件，主要有以下几种。

(1) 业主方(包括发包人和工程师)违约。

在工程实施过程中，由于建设单位或监理人没有尽到合同义务，导致索赔事件发生。

(2) 合同缺陷。

合同缺陷表现为合同文件规定不严谨甚至矛盾、合同条款遗漏或错误，设计图纸错误造成设计修改、工程返工、窝工等。

(3) 工程环境的变化。

如材料价格和人工工日单价的大幅度上涨；国家法令的修改；货币贬值；外汇汇率变化等。

(4) 不可抗力或不利的物质条件。

不可抗力又可以分为自然事件和社会事件。自然事件主要是工程施工过程中不可避免发生并不能克服的自然灾害，包括地震、海啸、瘟疫、水灾等；社会事件则包括国家政策、法律、法令的变更，以及战争、罢工等。

(5) 合同变更。

合同变更也有可能导致索赔事件发生，如建设单位指令增加或减少工作量、增加新的工程、提高设计标准和质量标准；由于非施工承包单位原因，建设单位指令中止工程施工；建设单位要求施工承包单位采取加速措施，其原因是非施工承包单位责任的工程拖延，或建设单位希望在合同工期前交付工程；建设单位要求修改施工方案，打乱施工顺序；建设单位要求施工承包单位完成合同规定以外的义务或工作。

应验实践

【例题1·多选】工程索赔产生的原因有(   )。
  A. 业主方(包括发包人和工程师)违约
  B. 合同缺陷
  C. 工程环境的变化
  D. 不可抗力或不利的物质条件
  E. 合同变更

【答案】ABCDE

【例题2·多选】下列属于不可抗力因素自然事件的有(   )。
  A. 地震   B. 海啸   C. 瘟疫
  D. 水灾   E. 政策变化   F. 战争

【答案】ABCD

【解析】自然事件主要是工程施工过程中不可避免发生并不能克服的自然灾害，包括地震、海啸、瘟疫、水灾等；社会事件则包括国家政策、法律、法令的变更，以及战争、罢工等。

二、工程索赔的分类

考点速览

考点：工程索赔的分类

(1) 按索赔的合同依据分类。

工程索赔可分为合同中明示的索赔和合同中默示的索赔。

(2) 按索赔的目的分类。
工程索赔可分为工期索赔和费用索赔。
(3) 按索赔事件的性质分类。
工程索赔可分为工程延期索赔、工程变更索赔、合同被迫终止索赔、工程加速索赔、意外风险和不可预见因素索赔和其他索赔。

应验实践

【例题·多选】下列选项中按索赔事件的性质分类的有(　　)。
A. 工程延期索赔　　　　　　B. 工程变更索赔
C. 合同被迫终止索赔　　　　D. 其他索赔
【答案】ABCD
【解析】按索赔事件的性质分类,工程索赔可分为工程延期索赔、工程变更索赔、合同被迫终止索赔、工程加速索赔、意外风险和不可预见因素索赔和其他索赔。

三、工程索赔的结果

考点速览

考点：工程索赔的结果
工程发承包双方索赔的原因不同,工程索赔的结果也就不尽相同,对一方当事人提出的索赔可能给予合理补偿工期、费用和(或)利润的情况会有所不同。
【技巧】凡是能索赔利润的,必然能索赔费用。

四、工程索赔的依据和前提条件

考点一：索赔的依据
索赔的依据有以下四项。
① 工程施工合同文件。
② 国家法律、法规。
③ 国家、部门和地方有关的标准、规范和定额。
④ 工程施工合同履行过程中与索赔事件有关的各种凭证。

工程变更的范围.mp4

考点二：索赔成立的条件
承包人工程索赔成立的基本条件包括以下三项。
① 索赔事件已造成了承包人直接经济损失或工期延误。
② 造成费用增加或工期延误的索赔事件是非因承包人的原因发生的。
③ 承包人已经按照工程施工合同规定的期限和程序提交了索赔意向通知、索赔报告及相关证明材料。

五、工程索赔的计算

考点速览

考点一：费用索赔的计算

在索赔事件中，对于不同原因引起的索赔，承包人可索赔的具体费用内容是不完全一样的。

索赔费用的要素与工程造价的构成基本类似，一般可归结为**人工费、材料费、施工机具使用费、保险费、保函手续费、利息、分包费用**等。

① 人工费：由于完成合同之外的额外工作所花费的人工费用，超过法定工作时间加班劳动，法定人工费增长；非因承包商原因导致工效降低所增加的人工费用；非因承包商原因导致工程停工的人员窝工费和工资上涨费等。

② 材料费：由于索赔事件的发生造成材料实际用量超过计划用量而增加的材料费；由于发包人原因导致工程延期期间的材料价格上涨和超期储存费用；材料费中应包括运输费、仓储费以及合理的损耗费用；如果由于承包商管理不善造成材料损坏、失效，则不能列入索赔款项内。

③ 施工机具使用费：由于完成合同之外的额外工作所增加的机具使用费；非因承包人原因导致工效降低所增加的机具使用费；由于发包人或工程师指令错误或迟延导致机械停工的台班停滞费。

④ 保险费：因发包人原因导致工程**延期**时，承包人必须办理工程保险、施工人员意外伤害保险等各项保险的延期手续。

⑤ 保函手续费：因发包人原因导致工程**延期**时，承包人必须办理相关履约保函的延期手续，对于由此而增加的手续费。

⑥ 利息：发包人**拖延支付**工程款利息，发包人迟延退还工程质量保证金的利息，承包人垫资施工的垫资利息，发包人错误扣款的利息等。

⑦ 分包费用：由于发包人的原因导致分包工程费用增加时，分包人只能向总承包人提出索赔，但分包人的索赔款项应当列入总承包人对发包人的索赔款项中。

索赔费用的计算应以**赔偿实际损失**为原则，**包括直接损失和间接损失**。索赔费用的计算方法最容易被发承包双方接受的是实际费用法。

考点二：工期索赔的计算

工期索赔的计算方法有直接法、比例计算法、网络图分析法 3 种。

提出索赔的期限**自接受最终结清证书时终止**。

应验实践

【例题1·多选】费用索赔一般有(　　)。
A. 人工费　　　　　　　　　B. 材料费
C. 施工机具使用费　　　　　D. 其他费用

【答案】ABC

【解析】费用索赔一般可归结为人工费、材料费、施工机具使用费、保险费、保函手续费、利息、分包费用等。

【例题2·单选】下列引起承包人索赔的事件中，只能获得工期补偿的是(　　)。

A. 发包人提前向承包人提供材料和工程设备
B. 工程暂停后因发包人原因导致无法按时复工
C. 因发包人原因导致工程试运行失败
D. 异常恶劣的气候条件导致工期延误

【答案】D

【解析】异常恶劣的气候条件导致工期延误是属于不可抗力因素导致的工期延误，只可索赔工期。

【例题3·多选】根据相关规定，形成索赔成立的基本条件有(　　)。

A. 合同履行过程中承包人没有违约行为
B. 索赔事件已造成承包人直接经济损失或工期延误
C. 索赔事件是因非承包人的原因引起的
D. 承包人已按合同规定提交了索赔意向通知、索赔报告及相关证明材料
E. 发包人已按合同规定给予了承包人答复

【答案】BCD

【解析】索赔的前提条件是：索赔事件已造成了承包人直接经济损失或工期延误；造成费用增加或工期延误的索赔事件是非因承包人的原因发生的；承包人已经按照工程施工合同规定的期限和程序提交了索赔意向通知、索赔报告及相关证明材料。

【例题4·多选】根据索赔事件的性质不同，可以将工程索赔分为(　　)。

A. 工期索赔　　　　　　　B. 费用索赔
C. 工程延误索赔　　　　　D. 加速施工索赔
E. 合同终止的索赔

【答案】CDE

【解析】按索赔事件的性质分类。工程索赔可分为工程延误索赔、工程变更索赔、合同被迫终止索赔、工程加速索赔、意外风险和不可预见因素索赔和其他索赔。

【例题5·多选】工期索赔的计算方法有(　　)。

A. 直接法　　　　　　　　B. 间接法
C. 比例计算法　　　　　　D. 定额计算法
E. 网络图分析法

【答案】ACE

【解析】工期索赔的计算方法有直接法、比例计算法、网络图分析法3种。

第四节　工程计量和支付

知识图谱

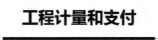

一、工程计量

考点速览

1. 工程计量的原则与范围

考点一：工程计量概念

工程计量概念：工程造价的确定应以该工程所要完成的工程实体数量为依据，对工程实体的数量做出正确的计算，并以一定的计量单位表述，这就需要进行工程计量，即工程量的计算，以此作为确定工程造价的基础。

考点二：工程计量的原则

(1) 不符合合同文件要求的工程不予计量。

(2) 按合同文件所规定的方法、范围、内容和单位计量。

(3) 因承包人原因造成的超出合同工程范围施工或返工的工程量，发包人不予计量。

考点三：工程计量的范围与依据

(1) 工程计量的范围。

① 工程量清单及工程变更所修订的工程量清单的内容。

② 合同文件中规定的各种费用支付项目，如费用索赔、各种预付款、价格调整、违约金等。

(2) 工程计量的依据。

工程量清单及说明；合同图纸；工程变更及其修订的工程量清单；合同条件；技术规范；有关计量的补充协议；质量合格证书等。

应验实践

【例题·多选】在工程计量中要遵循相应的原则，下列选项中属于工程计量原则的是(　　)。

A. 不符合合同文件要求的工程不予计量

B. 所有的工程量

C. 合同文件规定之外的范围
D. 合同文件规定的范围

【答案】AD

【解析】工程计量的原则包括：不符合合同文件要求的工程不予计量；按合同文件所规定的方法、范围、内容和单位计量；因承包人原因造成的超出合同工程范围施工或返工的工程量，发包人不予计量。

2. 工程计量的方法

考点一：单价合同计量

单价合同工程量必须以承包人完成合同工程应予计量的按照现行国家工程量计算规范规定的工程量计算规则计算得到的工程量确定。

考点二：总价合同计量

采用工程量清单方式招标形成的总价合同，工程量应按照与单价合同相同的方式计算。采用经审定批准的施工图纸及其预算方式发包形成的总价合同，除按照工程变更规定引起的工程量增减外，总价合同各项目的工程量是承包人用于结算的最终工程量。总价合同约定的项目计量应以合同工程经审定批准的施工图纸为依据，发承包双方应在合同中约定工程计量的形象目标或时间节点进行计量。

二、预付款及期中支付

考点速览

预付款：工程预付款是指由发包人按照合同约定，在正式开工前由发包人预先支付给承包人，用于购买工程施工所需的材料和组织施工机械和人员进场的价款。

索赔成立的条件.mp4

考点一：预付款的支付

预付款的支付方法有以下两种。

(1) 百分比法。

预付款的比例原则上不低于合同金额的10%，不高于合同金额的30%。

(2) 公式计算法。

公式计算法是根据主要材料(含结构件等)占年度承包工程总价的比例、材料储备定额天数和年度施工天数等因素，通过公式计算预付款额度的一种方法。

工程预付款数额=工程总价×材料比例(%)÷年度施工天数×材料储备定额天数

材料储备定额天数由当地材料供应的在途天数、加工天数、整理天数、供应间隔天数、保险天数等因素决定。

考点二：预付款的扣回

(1) 按合同约定扣款。

例如，规定工程进度达到60%，开始抵扣备料款，扣回的比例是按每完成10%进度，扣预付备料款总额的25%。

(2) 起扣点计算法。

从未施工工程尚需的主要材料及构件的价值相当于工程预付款数额时起扣，此后每次结算工程价款时，按材料所占比例扣减工程价款，至工程竣工前全部扣清。起扣点的计算公式为

$$T=P-\frac{M}{N}$$

【例题·单选】已知某建筑工程施工合同总额为8000万元，工程预付款按合同金额的20%计取，主要材料及构件造价占合同额的50%。预付款起扣点为(　　)万元。

A. 1600　　　　B. 4000　　　　C. 4800　　　　D. 6400

【答案】C

【解析】$T=P-M/N$，$T=8000-8000×20\%/50\%=4800$

考点三：预付款担保

预付款担保的主要形式为银行保函。预付款担保的金额通常与发包人的预付款是等值的。预付款一般逐月从工程预付款中扣除，预付款担保的担保金额也相应逐月减少。

考点四：安全文明施工费

安全文明施工费全称是安全生产、文明施工措施费，是指按照国家现行的建筑施工安全、施工现场环境与卫生标准和有关规定，购置和更新施工防护用具及设施、改善安全生产条件和作业环境所需要的费用。

发包人应在工程开工后的约定期限内预付不低于当年施工进度计划的安全文明施工费总额的60%，其余部分按照提前安排的原则进行分解，与进度款同期支付。

第五节　工程结算

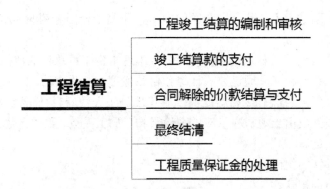

一、工程竣工结算的编制和审核

考点速览

单位工程竣工结算由承包人编制，发包人审查；实行总承包的工程，由具体承包人编制，在总包人审查的基础上发包人审查。单项工程竣工结算或建设项目竣工总结算由总(承)包人编制，发包人可直接进行审查，也可以委托具有相应资质的工程造价咨询机构进行审查。

考点一：工程竣工结算的编制依据
工程竣工结算编制的主要依据如下。
① 建设工程工程量清单计价规范以及各专业工程工程量清单计算规范。
② 工程合同。
③ 发承包双方实施过程中已确认的工程量及其结算的合同价款。
④ 发承包双方实施过程中已确认调整后追加(减)的合同价款。
⑤ 建设工程设计文件及相关资料。
⑥ 投标文件。
⑦ 其他依据。

考点二：工程竣工结算的计价原则
在采用工程量清单计价的方式下，工程竣工结算的计价原则如下。
① 暂列金额应减去工程价款调整(包括索赔、现场签证)金额计算，如有余额归发包人。
② 发承包双方在合同工程实施过程中已经确认的工程计量结果和合同价款，在竣工结算办理中应直接计入结算。

考点三：竣工结算的审核
(1) 国有资金投资建设工程的发包人，应当委托具有相应资质的工程造价咨询机构对竣工结算文件进行审核。
(2) 非国有资金投资工程的发包人，未协商或者未达成协议的，委托造价咨询企业审核，协商期满后向承包人提出审核意见。
(3) 发包人委托工程造价咨询机构核对竣工结算的，工程造价咨询机构应在规定期限内核对完毕，核对结论与承包人竣工结算文件不一致的，应提交承包人复核，承包人应在规定期限内将同意核对结论或不同意见的说明提交工程造价咨询机构。

考点四：质量争议工程的竣工结算
发包人对工程质量有异议拒绝办理工程竣工结算时，应按以下规定执行。
① 已经竣工验收或已竣工未验收但实际投入使用的工程，其质量争议按该工程保修合同执行，竣工结算按合同约定办理。
② 已竣工未验收且未实际投入使用的工程以及停工、停建工程的质量争议，双方应就有争议的部分委托有资质的检测鉴定机构进行检测，根据检测结果确定解决方案，或按工程质量监督机构的处理决定执行后办理竣工结算，无争议部分的竣工结算按合同约定办理。

应验实践

【例题·单选】在工程竣工结算的编制和审核过程中,单位工程竣工结算的审查人是( )。

A. 监理人　　　　　　　　　B. 发包人
C. 工程师　　　　　　　　　D. 工程造价咨询机构

【答案】B

【解析】单位工程竣工结算由承包人编制,发包人审查;实行总承包的工程,由具体承包人编制,在总包人审查的基础上发包人审查。

二、竣工结算款的支付

考点速览

考点:承包人提交竣工结算款支付申请

承包人应根据办理的竣工结算文件,向发包人提交竣工结算款支付申请。该申请应包括下列内容。

(1) 竣工结算合同价款总额。
(2) 累计已实际支付的合同价款。
(3) 应扣留的质量保证金。
(4) 实际应支付的竣工结算款金额。

三、合同解除的价款结算与支付

考点速览

考点一:不可抗力解除合同

由于不可抗力解除合同的,发包人除应向承包人支付合同解除之日前已完成工程但尚未支付的合同价款外,还应支付下列金额。

① 合同中约定应由发包人承担的费用。
② 已实施或部分实施的措施项目应付价款。
③ 承包人为合同工程合理订购且已交付的材料和工程设备货款。发包人一经支付此项货款,该材料和工程设备即成为发包人的财产。
④ 承包人撤离现场所需的合理费用,包括员工遣送费和临时工程拆除、施工设备运离现场的费用。
⑤ 承包人为完成合同工程而预期开支的任何合理费用,且该项费用未包括在本款其他各项支付之内。

考点二：违约解除合同

(1) 承包人违约。

因承包人违约解除合同的，应遵循以下价款结算与支付的原则。

① 发包人应暂停向承包人支付任何价款。

② 发包人应在合同解除后 **28 天**内核实合同解除时承包人已完成的全部合同价款以及按施工进度计划已运至现场的材料和工程设备货款，按合同约定核算承包人应支付的违约金以及造成损失的索赔金额，并将结果通知承包人。

③ 发承包双方应在 **28 天**内予以确认或提出意见，并办理结算合同价款。如果发包人应扣除的金额超过了应支付的金额，则承包人应在合同解除后的 **56 天**内将其差额退还给发包人。

④ 发承包双方不能就解除合同后的结算达成一致的，按照合同约定的争议解决方式处理。

(2) 发包人违约。

由于发包人违约解除合同，应遵循以下价款结算与支付的原则。

① 发包人除应按照由于不可抗力解除合同的规定向承包人支付各项价款外，还应按合同约定核算发包人应支付的违约金以及给承包人造成损失或损害的索赔金额费用。该笔费用由承包人提出，发包人核实后与承包人协商确定后的 **7 天**内向承包人签发支付证书。

② 发承包双方协商不能达成一致的，按照合同约定的争议解决方式处理。

应验实践

【例题·单选】因不可抗力解除合同的，发包人不应向承包人支付的费用是(　　)。

A. 临时工程拆除费
B. 承包人未交付材料的货款
C. 已实施的措施项目应付价款
D. 承包人施工设备运离现场的费用

【答案】B

【解析】因不可抗力解除合同的，承包人未交付材料的货款不属于发包人应向承包人支付的费用。

材料储备定额天数口诀.mp4

四、最终结清

考点速览

考点一：最终结清申请单

缺陷责任期终止后，承包人已按合同规定完成全部剩余工作且质量合格的，发包人签发缺陷责任期终止证书，承包人可按合同约定的份数和期限向发包人提交最终结清申请单，并提供相关证明材料，详细说明承包人根据合同规定已经完成的全部工程价款金额以及承包人认为根据合同规定应进一步支付给他的其他款项。

考点二：最终支付证书

发包人收到承包人提交的最终结清申请单后，在规定时间内予以核实，向承包人签发最终支付证书。

考点三：最终结清付款

发包人应在签发最终结清支付证书后的规定时间内，按照最终结清支付证书列明的金额向承包人支付最终结清款。最终结清付款后，承包人在合同内享有的索赔权利也自行终止。

最终结清时，如果承包人被扣留的质量保证金不足以抵减发包人工程缺陷修复费用的，承包人应承担不足部分的补偿责任。

最终结清付款涉及政府投资资金的，按照国库集中支付等国家相关规定和专用合同条款的约定办理。

应验实践

【例题·单选】建设工程最终结算的工作事项和时间节点包括：①提交最终结算申请单；②签发最终结清支付证书；③签发缺陷责任期终止证书；④最终结清付款；⑤缺陷责任期终止。按时间先后顺序排列正确的是(　　)

A. ⑤③①②④
B. ①②④⑤③
C. ③①②④⑤
D. ①③②⑤④

【答案】A

【解析】缺陷责任期终止后，承包人已按合同规定完成全部剩余工作且质量合格的，发包人签发缺陷责任期终止证书，承包人可按合同约定的份数和期限向发包人提交最终结清申请单，并提供相关证明材料，详细说明承包人根据合同规定已经完成的全部工程价款金额以及承包人认为根据合同规定应进一步支付给他的其他款项。之后顺序是最终支付证书和最终结清付款。

五、工程质量保证金的处理

考点速览

考点一：质量保证金的含义

质量保证金是指发包人与承包人在建设工程承包合同中约定，从应付的工程款中预留，用于保证承包人在缺陷责任期内对建设工程出现的缺陷进行维修的资金。

缺陷责任期是承包人对已交付使用的合同工程承担合同约定的缺陷修复责任的期限。缺陷责任期一般为1年，最长不超过2年，由发承包双方在合同中约定。

缺陷责任期从工程通过竣工验收之日起计算。

质量保证金.mp4

考点二：质量保证金预留及管理

发包人应按照合同约定方式预留保证金，保证金总预留比例不得高于工程价款结算总额的 **3%**。

合同约定由承包人以银行保函替代预留保证金的，保函金额不得高于工程价款结算总额的 **3%**。

在工程项目竣工前，已经缴纳履约保证金的，发包人不得同时预留工程质量保证金。

采用工程质量保证担保、工程质量保险等其他保证方式的，发包人不得再预留保证金。

缺陷责任期内，由承包人原因造成的缺陷，承包人应负责维修，并承担鉴定及维修费用。

由他人原因造成的缺陷，发包人负责组织维修，承包人不承担费用，且发包人不得从保证金中扣除费用。

【例题·单选】 按照合同约定方式预留质量保证金，保证金预留比例不得高于工程价款结算总额的( )。

A. 3% B. 5% C. 10% D. 15%

【答案】A

第六节 竣工决算

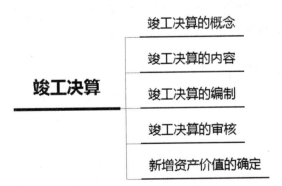

一、竣工决算的概念

考点：竣工决算的概念

竣工决算的概念：建设项目竣工决算是指项目建设单位根据国家有关规定在项目竣工验收阶段为确定建设项目从筹建到竣工验收实际发生的全部建设费用(包括建筑工程费、安装工程费、设备及工器具购置费、预备费等费用)而编制的财务文件。竣工决算是以实物数量和货币指标为计量单位，综合反映竣工建设项目全部建设费用、建设成果和财务状况的总结性文件，是竣工验收报告的重要组成部分。

二、竣工决算的内容

考点速览

考点：竣工决算的内容

竣工决算由竣工财务决算说明书、竣工财务决算报表、工程竣工图和工程竣工造价对比分析四部分组成。其中竣工财务决算说明书和竣工财务决算报表两部分又称为建设项目竣工财务决算，是竣工决算的核心内容。

竣工财务决算报表包括基本建设项目概况表、基本建设项目竣工财务决算表、基本建设项目资金使用情况明细表、基本建设项目交付使用资产总表、基本建设项目交付使用资产明细表、待摊投资明细表、待核销基建支出明细表。

应验实践

【例题·多选】竣工决算是由( )组成。
　　A. 竣工财务决算说明书　　B. 竣工财务决算报表
　　C. 工程竣工图　　　　　　D. 工程竣工造价对比分析
【答案】ABCD
【解析】竣工决算由竣工财务决算说明书、竣工财务决算报表、工程竣工图和工程竣工造价对比分析四部分组成。

三、竣工决算的编制

考点速览

基本建设项目完工可投入使用或者试运行合格后，应当在3个月内编报竣工财务决算，特殊情况确需延长的，中、小型项目不得超过2个月，大型项目不得超过6个月。

考点：建设项目竣工决算的编制条件
建设项目竣工决算的编制条件如下。
(1) 经批准的初步设计所确定的工程内容已完成。
(2) 单项工程或建设项目竣工结算已完成。
(3) 收尾工程投资和预留费用不超过规定的比例。
(4) 涉及法律诉讼、工程质量纠纷的事项已处理完毕。
(5) 其他影响工程竣工决算编制的重大问题已解决。

四、竣工决算的审核

考点速览

考点：审核程序
审核报告内容应当翔实，主要包括审核说明、审核依据、审核结果、意见、建议。
财政投资项目应按照中央财政、地方财政的管理权限及其相应的管理办法进行审批和备案。

五、新增资产价值的确定

考点速览

1. 新增固定资产价值的确定方法

考点一：新增固定资产价值的概念和范畴
新增固定资产价值的计算是以独立发挥生产能力的单项工程为对象的。
一次交付生产或使用的工程应一次计算新增固定资产价值，分期分批交付生产或使用的工程，应分期分批计算新增固定资产价值。

考点二：新增固定资产价值计算时应注意的问题
① 对于为了提高产品质量、改善劳动条件、节约材料消耗、保护环境而建设的附属辅助工程，只要全部建成，正式验收交付使用后就要计入新增固定资产价值。
② 对于单项工程中不构成生产系统，但能独立发挥效益的非生产性项目，如住宅、食堂、医务所、托儿所、生活服务网点等，在建成并交付使用后，也要计入新增固定资产价值。
③ 凡购置达到固定资产标准不需安装的设备、工器具，应在交付使用后计入新增固定资产价值。
④ 属于新增固定资产价值的其他投资，应随同受益工程交付使用的同时一并计入。

考点三：共同费用的分摊方法
一般情况下，建设单位管理费按建筑工程、安装工程、需安装设备价值总额作比例分摊；土地征用费、地质勘查和建筑工程设计费等费用则按建筑工程造价比例分摊；生产工艺流程系统设计费按安装工程造价比例分摊。

应验实践

【例题·单选】关于建设项目竣工运营后的新增资产，下列说法正确的是(　　)。
A. 新增资产按资产性质分为固定资产、流动资产和无形资产三大类
B. 分期分批交付生产或使用的工程，待工程全部交付使用后，一次性计算新增固

定资产价值

C. 凡购置的达到固定资产标准不需安装的工器具，应在交付使用后计入新增固定资产价值

D. 新增固定资产价值是投资项目投资建设中所增加的固定资产价值

【答案】C

【解析】凡购置达到固定资产标准不需安装的设备、工器具，应在交付使用后计入新增固定资产价值。

2. 新增无形资产价值的确定方法

考点一：无形资产的计价原则

① 投资者按无形资产作为资本金或者合作条件投入时，按评估确认或合同协议约定的金额计价。

② 购入的无形资产，按照实际支付的价款计价。

③ 企业自创并依法申请取得的，按开发过程中的实际支出计价。

④ 企业接受捐赠的无形资产，按照发票账单所载金额或者同类无形资产市场价作价。

⑤ 无形资产计价入账后，应在其有效使用期内分期摊销。

考点二：无形资产的计价方法

主要有专利权的计价、专有技术的计价、商标权的计价、土地使用权的计价。

应验实践

【例题·单选】关于新增无形资产价值的确定与计价，下列说法中正确的是( )。

A. 企业接受捐赠的无形资产，按开发中的实际支出计价

B. 专利权转让价格按成本估计进行

C. 自创专有技术在自创中发生的费用按当期费用处理

D. 行政划拨的土地使用权作为无形资产核算

【答案】C

【解析】如果专有技术是自创的，一般不作为无形资产入账，自创过程中发生的费用，按当期费用处理。